"十四五"国家重点出版

青少年人工智能科普丛书

自然语言处理

周竹荣 / 编著

西南大学出版社

图书在版编目(CIP)数据

自然语言处理 / 周竹荣编著 . -- 重庆：西南大学出版社, 2024.6
ISBN 978-7-5697-2380-9

Ⅰ.①自… Ⅱ.①周… Ⅲ.①自然语言处理 Ⅳ.①TP391

中国国家版本馆CIP数据核字(2024)第096370号

自然语言处理
ZIRAN YUYAN CHULI

周竹荣 ◎编著

图书策划：谭小军
责任编辑：张浩宇
责任校对：李　君
装帧设计：闰江文化
排　　版：李　燕
出版发行：西南大学出版社(原西南师范大学出版社)
网　　址：www.xdcbs.com
地　　址：重庆市北碚区天生路2号
邮　　编：400715
经　　销：全国新华书店
印　　刷：重庆市正前方彩色印刷有限公司
成品尺寸：140 mm×203 mm
印　　张：4.5
字　　数：119千字
版　　次：2024年6月 第1版
印　　次：2024年6月 第1次印刷
书　　号：ISBN 978-7-5697-2380-9
定　　价：38.00元

总主编简介

邱玉辉，教授（二级），西南大学博士生导师，中国人工智能学会首批会士，重庆市计算机科学与技术首批学术带头人，第四届教育部科学技术委员会信息学部委员，中共党员。1992年起享受政府特殊津贴。

曾担任中国人工智能学会副理事长、中国数理逻辑学会副理事长、中国计算机学会理事、重庆计算机学会理事长、重庆市人工智能学会理事长、重庆计算机安全学会理事长、重庆市软件行业协会理事长、《计算机研究与发展》编委、《计算机科学》编委、《计算机应用》编委、《智能系统学报》编委、科学出版社《科学技术著作丛书·智能》编委、《电脑报》总编、美国IEEE高级会员、美国ACM会员、中国计算机学会高级会员。长期从事非单调推理、近似推理、神经网络、机器学习和分布式人工智能、物联网、云计算、大数据的教学和研究工作。已指导毕业博士后2人、博士生33人、硕士生25人。发表论文420余篇（在国际学术会议和杂志发表人工智能方面的学术论文300余篇，全国性的学术会议和重要核心刊物发表人工智能方面的学术论文100余篇）。出版学术著作《自动推理导论》（电子科技大学出版社，1992年）、《专家系统中的不确定推理——模型、方法和理论》（科学技术文献出版社，1995年）、《人工智能探索》（西南师范大学出版社，1999年）和主编《数据科学与人工智能研究》（西南师范大学出版社，2018年）、《量子人工智能引论》（西南师范大学出版社，2021年）、《计算机基础教程》（西南师范大学出版社，1999年）等20余种。主持、主研完成国家"973"项目、"863"项目、自然科学基金、省（市）基金和攻关项目16项。获省（部）级自然科学奖、科技进步奖四项，获省（部）级优秀教学成果奖四项。

《青少年人工智能科普丛书》编委会

主　任　　邱玉辉　西南大学教授
副主任　　廖晓峰　重庆大学教授
　　　　　王国胤　重庆邮电大学教授
　　　　　段书凯　西南大学教授
委　员　　刘光远　西南大学教授
　　　　　柴　毅　重庆大学教授
　　　　　蒲晓蓉　电子科技大学教授
　　　　　陈　庄　重庆理工大学教授
　　　　　何　嘉　成都信息工程大学教授
　　　　　陈　武　西南大学教授
　　　　　张小川　重庆理工大学教授
　　　　　马　燕　重庆师范大学教授
　　　　　葛继科　重庆科技学院教授

总序

人工智能(Artificial Intelligence，缩写为AI)是计算机科学的一个分支，是建立智能机，特别是智能计算机程序的科学与工程，它与用计算机理解人类智能的任务相关联。AI已成为产业的基本组成部分，并已成为人类经济增长、社会进步的新的技术引擎。人工智能是一种新的具有深远影响的数字尖端科学，人工智能的快速发展，将深刻改变人类的生活与工作方式。人工智能是开启未来智能世界的钥匙，是未来科技发展的战略制高点。

今天，人工智能被广泛认为是计算机化系统，它通常被认为需要以智能的方式工作和反应，比如在不确定和不同条件下解决问题和完成任务。人工智能有一系列的方法和技术，包括机器学习、自然语言处理和机器人技术等。

2016年以来，各国纷纷制订发展计划，投入重金抢占新一轮科技制高点。美国、中国、俄罗斯、英国、日本、德国、韩国等国家近几年纷纷出台多项战略计划，积极推动人工智能发展。企业将人工智能作为未来的发展方向积极布局，围绕人工智能的创新创业也在不断涌现。

牛津大学未来人类研究所曾发表一项人工智能调查报告——《人工智能什么时候会超过人类的表现》,该调查报告包含了352名机器学习研究人员对人工智能未来演化的估计。该调查报告的受访者表示,到2026年,机器将能够写学术论文;到2027年,自动驾驶汽车将无需驾驶员;到2031年,人工智能在零售领域的表现将超过人类;到2049年,人工智能可能造就下一个斯蒂芬·金;到2053年,将造就下一个查理·托;到2137年,所有人类的工作都将实现自动化。

今天,智能的概念和智能产品已随处可见,人工智能的相关知识已成为人们必备的知识。为了普及和推广人工智能,西南大学出版社组织该领域专家编写了《青少年人工智能科普丛书》。该丛书的各个分册力求内容科学,深入浅出,通俗易懂,图文并茂。

人工智能正处于快速发展中,相关的新理论、新技术、新方法、新平台、新应用不断涌现,本丛书不可能都关注到,不妥之处在所难免,敬请读者批评和指正。

邱玉辉

前言

人类一直有一个梦想,就是造出一个跟人类一模一样的机器人,这样的机器人有太多的用处了,它可以成为我们的仆人,为我们服务;也可以成为我们的朋友,陪伴我们;还可以代替我们工作,让我们可以充分享受生活的乐趣。

人类对机器人最大的期许就是机器人能与人对话,如果机器人能听懂我们的话,能够成为我们的知心伙伴,能和我们分享快乐,倾诉悲伤,出言献策,那该有多好啊!让机器人能够说话,乃至拥有听说读写的能力的关键技术就是人工智能的自然语言处理技术,这也是本书重点介绍的内容。

本书的第1—3章由周竹荣撰写,第4章由蒲丹青撰写,第5—6章由张杏枝撰写。

目录
CONTENTS

第一章 几个有趣的例子
1.1 引言 ········· 003
1.2 智能音箱 ········· 005
1.3 聊天机器人 ········· 007
1.4 有趣的实验 ········· 010
1.5 机器人作家 ········· 012
1.6 车载智能语音交互控制 ········· 014
1.7 翻译机 ········· 016

第二章 什么是自然语言处理
2.1 引言 ········· 021
2.2 自然语言处理的发展历史 ········· 024
2.3 自然语言处理的相关学科 ········· 029
2.4 计算机怎样处理自然语言 ········· 031

第三章 计算机听懂人类语言
3.1 引言 ········· 035
3.2 语音的秘密 ········· 038
3.3 语音识别的原理 ········· 043
3.4 语音特征提取 ········· 045

3.5 训练声学模型 …………………………… 046
3.6 语音解码 ………………………………… 051
3.7 语言模型 ………………………………… 053

第四章 计算机理解人类语言

4.1 引言 ……………………………………… 057
4.2 中文分词的基本原理 …………………… 062
4.3 中文分词的歧义问题 …………………… 066
4.4 中文分词的命名实体问题 ……………… 072
4.5 词性标注 ………………………………… 074
4.6 语法分析 ………………………………… 078
4.7 语义分析 ………………………………… 086
4.8 语用分析 ………………………………… 090

第五章 计算机学说人类语言

5.1 引言 ……………………………………… 097
5.2 从 Siri 学人类说话谈起 ………………… 100
5.3 文语转换 ………………………………… 103
5.4 符号语言 ………………………………… 108
5.5 对话系统 ………………………………… 110
5.6 深度混合密度模型 ……………………… 113

第六章 计算机翻译及写作

6.1 引言 ……………………………………… 117
6.2 计算机语言与人类语言的差异 ………… 118
6.3 机器翻译 ………………………………… 120
6.4 机器翻译的应用 ………………………… 124
6.5 机器写作 ………………………………… 127

自然语言处理

第一章
几个有趣的例子

1.1 引言

实际上，自然语言处理技术已经越来越深入我们的生活中，你只要仔细观察一下，就会惊异于时代的发展。我们随手拿起手机就可以用微信语音聊天，或者让微信把我们说的话转换成文字，这就是用了语音识别技术；当我们坐上公交车，听到扩音器里说："车辆即将启动，请抓好扶手！"这用的是语音合成技术；当我们在学习中不知道中文怎么翻译成英文时，可以打开百度翻译，输入中文，然后得到翻译好的英文句子，这用的是机器翻译技术（图1-1）；等等。

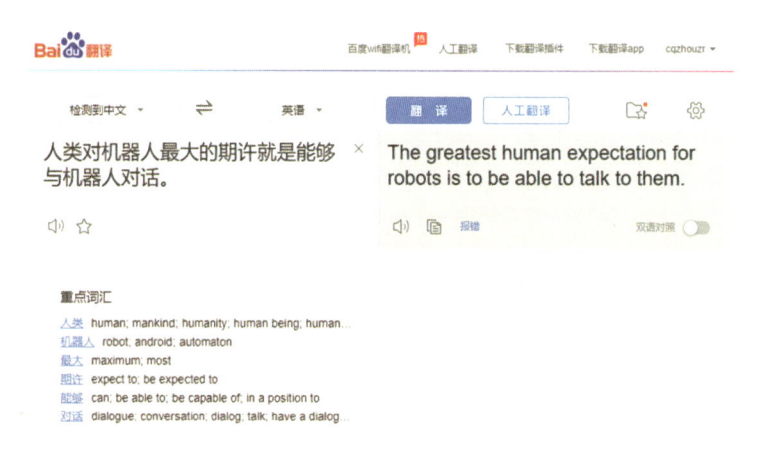

图1-1 机器翻译的例子

近几年,自然语言处理技术发展得越来越快,从能听懂我们说话的智能音箱,到获得了国籍的智能机器人,不一而足。接下来,我们介绍几个有趣的例子。

1.2 智能音箱

纽约邮报报道过这样的一个故事,美国新泽西州24岁的妈妈Yerelyn Cueva在推特上发布短片,视频内容显示这位妈妈抓拍到自己6岁的儿子Jariel在做数学作业时经常自言自语,仔细一听,他居然是在与一个音箱对话,比如,Jariel问音箱Alexa:"5-3等于多少?"音箱会告诉Jariel答案是"2",视频短片伴随着这位妈妈的"一声吼"结束了。孩子的妈妈向纽约邮报说道:"我在客厅无意中听到他向Alexa询问一些数学问题,简直不敢相信!他对着音箱说'谢谢Alexa帮我做作业'。"截至2024年4月这一短片播放量已经超过820万次。

这是一个什么音箱,这么神奇,居然能与人对话,还能帮助小朋友做作业?答案是,这是美国亚马逊公司推出的智能音箱Alexa。智能音箱使用了智能语音技术,能听懂你说的话。你可以用语音来操控它,如播放音乐、相声、笑话;你有什么不懂的,还可以向它提问,什么图文百科、算术等,它都可以回答你。如果智能音箱接入了智能家居控制中心,你还可以让它帮你控制电灯、电视、空调、冰箱、窗帘、空气净化器!

我们国家也有顶尖的智能音箱产品,甚至比Alexa还要好,比如:

天猫精灵的方糖，百度的小度在家，小米的小爱同学，京东的叮咚 mini2，等等。

图1-2中的智能音箱带有显示屏，你甚至可以让它为你放电影、刷视频、打开家庭相册、视频通话。

图1-2 与智能音箱聊天

智能音箱之所以可以听懂你的话，还能回答你的问题，其背后所采用的技术就是本书要介绍的自然语言处理技术。

1.3 聊天机器人

现在的智能音箱，主要目标是解决语音控制问题，大多还不能做到与人类聊天。科学家的理想是做一个能与人聊天的机器人，这种机器人可以长得像人类，也可以不像，还可以仅仅是一个程序，让我们在电脑上、手机上就能运行它，并与它聊天。科学家已经研发出长得像人类的机器人，能做出人类的基本表情，可以自主与人类对话。比如，索菲亚就是第一个获得人类公民身份的机器人。(图1-3)据商业新闻网报道，利雅得未来投资倡议论坛发布的新闻稿中透露，沙特阿拉伯成为世界上首个为机器人授予国籍的国家。在这场发布会上，当主持人问机器人索菲亚"人工智能会不会威胁人类"时，机器人回答说："你是好莱坞电影看多了。"主持人说："索菲亚，我希望你能听到，你将是被授予沙特阿拉伯国籍的首个机器人。"作为回应，机器人索菲亚向沙特阿拉伯政府表示感谢。机器人索菲亚指出，成为拥有沙特阿拉伯护照的首个机器人，对自己来说是莫大的荣幸。

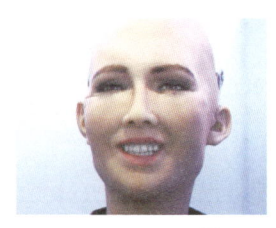

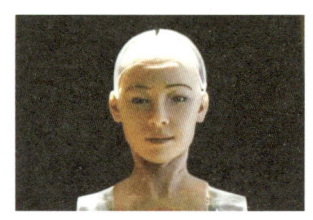

图1-3 机器人索菲亚

也有长得不像人类的机器人，比如我们国家的小度机器人，小度机器人诞生于百度自然语言处理部，于2014年首次亮相于江苏卫视的《芝麻开门》节目。依托于百度强大的人工智能，该设备集成了自然语言处理、对话系统、语音视觉等技术，从而小度机器人能够自然流畅地与用户进行信息、服务、情感等多方面的交流。2014年，江苏卫视《芝麻开门》闯关节目的擂台迎来了节目开播以来的首位"非人类"挑战选手——小度机器人。（图1-4）这个由百度开发的智能机器人参赛在国内还属首次，它在赛场上不仅频频和主持人互动，更是凭借迅速的反应和准确的回答勇闯四关，40道涉及音乐、影视、历史、文学类型的题目全部答对，出色的表现令现场观众惊叹不已。不少观众在之后纷纷表示："小度机器人好厉害，真想再看它多答几轮题！""第一次看到机器人前来应战，每道题都能保证百分之百的正确，确实大开眼界。"

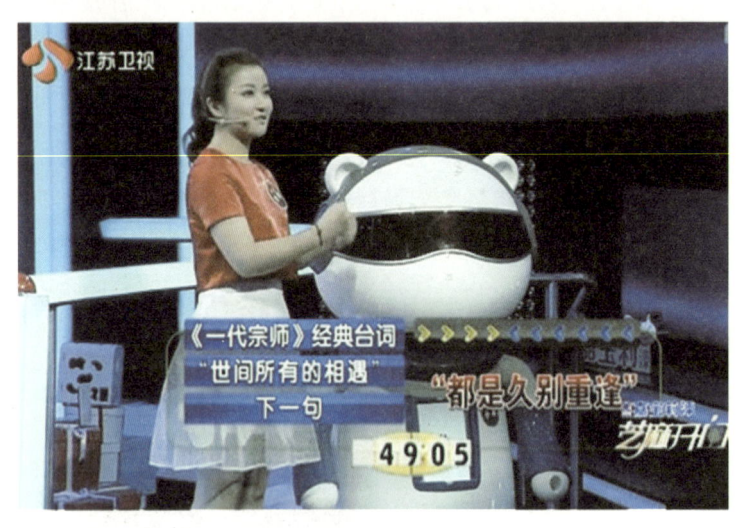

图1-4 小度机器人参加问答闯关节目

小度机器人是如何做到对这些复杂的问题对答如流的呢？据介绍，小度机器人是中国首个智能问答机器人，它的诞生是百度数十位工程师历时一年多，依托百度搜索引擎、自然语言处理和机器学习技术，将深度问答技术创造性地运用到人工智能实体硬件上完成的。

　　在软件方面，微软开发了一个聊天机器人，它的名字叫小冰，这个机器人就像一个女中学生，说话的语气活泼可爱，小冰的出现成为自然语言处理和情感计算技术飞速发展的最佳证明，第一次解放了人们对于人工智能技术的想象力。作为微软必应搜索团队新推出的智能聊天机器人，一开始，小冰以微信用户的形式出现，并且只能在微信群里使用，用户添加了小冰的微信账号后，再把它拉进某个微信群里，只要群成员输入"@小冰"，就可以与它对话了。事实上，当时的小冰能够实现两种功能：聊天和智能搜索。你可以问问题，小冰会自动从必应搜索中找到相关的信息用聊天的形式反馈回来。同时它还有像Siri一样的智能助手功能，如果你让小冰建立一个待办事件，它就会在设置的时间点向微信群发送信息来提醒大家。按照微软方面的表述，第三代微软小冰的黑科技不仅能够识别图像，还能够根据人工智能判断，自己选择关注的焦点，实现对任何图像的识别，并给予超越语义的评价。而在语音助手功能上，微软方面放弃了"新闻播报式"的平淡语调，使用了带有情感变化的声音。

1.4 有趣的实验

现在的聊天机器人只是针对你给它说的一句话,经过理解,它回复你一句话,也就是说聊天机器人记不住之前你和它聊天的内容。这样,我们就可以只用一个聊天机器人,就可以模仿两个聊天机器人之间的互动。我们只需要在开始时随便对聊天机器人说一句话,然后把它说的话当成说给"另外一个机器人"的话(实际上是它自己),如此反复进行即可。

如我们可用Python语言写的程序,通过调用图灵机器人平台的功能,实现两个机器人之间的聊天。

```
import time
from 图灵机器人 import *
response_str='你好'
print("机器人A:",response_str)
for i in range(15):
    time.sleep(1)
    response_str=get_chat_from_turing(response_str)
    print("机器人B:",response_str)
    time.sleep(1)
    response_str=get_chat_from_turing(response_str)
    print("机器人A:",response_str)
```

图1-5就是程序运行的结果。

（注：为了让读者看到程序运行的实际结果，我们对其中个别的差错未做修改。）

```
机器人A：又见面啦！                          机器人A：你好
机器人B：我看看还会不会遇上                   机器人B：你好耶～
机器人A：遇不上就制造偶遇呗，多简单。         机器人A：你还好吗
机器人B：简单吗对我来说已经跟难了             机器人B：应该很好吧
机器人A：难的话就老老实实学习呗华夏学子也就这宿命了  机器人A：还好吧
机器人B：你这是在考我吗？                    机器人B：你这真是容易满足呀
机器人A：对啊，看看你的反应。                机器人A：人要懂得知足呀
机器人B：我没反应因为这游戏是我发起的         机器人B：知足常乐。
机器人A：哇，好厉害的样子哦。                机器人A：呵呵，比较安定
机器人B：粉一个呗                            机器人B：对你的话我咋就那么不相信的呢？
机器人A：我不会哎                            机器人A：相信总需要一个理由吧。
机器人B：不会就要好好学。                    机器人B：既然相信，就不需要理由的。
机器人A：我懂啊亲                            机器人A：错就是错，理由只是借口。
机器人B：么么哒                              机器人B：努力让自己搞一个。
机器人A：哇，你是不是要亲我？                机器人A：弄不起
机器人B：要啊～                              机器人B：弄不起别弄了
机器人A：要就给你                            机器人A：弄不起
机器人B：那你送过来吧                        机器人B：咋搞不了
机器人A：你好呀，我还要给你送过来             机器人A：玩着玩着连命都没了
机器人B：你说什么我就做什么，那我岂不是很没有面子！  机器人B：看来你还是没有看破红尘啊
机器人A：面子要来干嘛，又不能吃哎。           机器人A：我早已看破红尘，不问世事。
机器人B：吃什么                              机器人B：不问世事的人还会遇到这些事儿吗
机器人A：我的口水好吃                        机器人A：天空飘来五个字，那都不是事。
机器人B：别这说我说你                        机器人B：明明六个字
机器人A：我可是个有故事的人。
机器人B：活这么大难没看过两集电视剧！
机器人A：看过电视剧就很了不起？
机器人B：来点剧情介绍呗。
机器人A：剧情是怎样的
机器人B：剧情狗血，太玛丽苏了呢。
机器人A：我跟我提那种狗血的剧情。
机器人B：看的什么剧啊
机器人A：灵书妙探
```

图1-5 机器人自己与自己聊天的结果

你们看，"两个机器人"聊得多开心。

1.5 机器人作家

据凤凰科技网消息，基于微软小冰，简称小冰的技术积累，微软和湛庐文化合作推出了小冰原创诗集《阳光失了玻璃窗》，这是人类历史上第一部由人工智能创作的诗集。

小冰先后学习了自1920年以来519位中国现代诗人的作品，通过对这些诗歌上万次的学习，在一定程度上获得了现代诗的创作能力，并且逐渐形成了自己的创作风格、偏好和技巧。

但是小冰作诗是依赖于给定图像的，通过分析图像的构成，然后进行创作，也会有超出意境的想象力。不过作为刚出道的"诗人"，小冰的不足之处在于处理一些读音相近的字词上会有偏差，在《它常把我的海水洗甜》这首诗中，出现"有燃（悠然）从风雪的街心随着流漫"这样的错误句子，不过这本诗集没有进行人为的干预修正。

图1-6就是一段小冰写的诗。

看了上面的诗歌，我感到人工智能在创作方面的能力令人惊叹。看着诗歌上面的配图，我

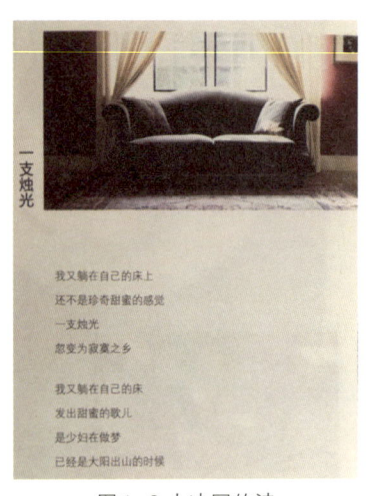

图1-6 小冰写的诗

也写几句与小冰比一比：

  寂寞的双人沙发

  在敞开心扉的落地窗下

  等待着两个人的落座

  靠枕相对无语

  殷勤照进的光

  压不陷海绵坐垫

  在诗集发布会上，微软还公布了小冰的进展。至2017年4月，微软小冰已拥有超过1亿用户，累计对话量超过300亿，平均单次对话轮数（CPS）达到23轮。微软小冰团队部署于四个国家，在14个平台上与用户进行交互，包括中国大陆地区的微信、QQ、微博，美国地区的Facebook、Messenger等。除上述第三方平台外，微软小冰亦已全面内置于中文版Windows 10操作系统中。

1.6 车载智能语音交互控制

开车时是不能用手机的,如果车速达到每小时60千米,假如驾驶员看屏幕、接电话时花了2秒钟,汽车就会行驶32米左右,这是很危险的。我们经常看到新闻报道中说有驾驶员在行驶过程中进行调收音机、切换歌曲、开窗、调节空调温度、设置导航等操作,结果出了车祸。那能不能让驾驶员动口不动手,通过语音来控制汽车呢?现在有些汽车已经在车上安装了智能语音交互控制系统,让驾驶员通过语音就能做到以上动作,从而专注开车,减少危险。(图1-7)

比如宝马的iDrive系统,福特的SYNC系统,奥迪的MMI系统,长安推出的InCall智能车载系统,奇瑞推出的Cloudrive系统,百度推出的Carlife系统,Apple公司推出的Carplay系统,使得手机可以连接上汽车的中控屏幕,通过语音来控制手机,实现导航、接(打)电话和娱乐等。

荣威汽车主打的就是互联网智惠版,产品特点就是搭载了阿里智能互联系统,可以实现语音控制、智能导航、娱乐影音等功能。该套语音体系也具备一定的智能控制功能。当车内温度过高或者过低,用户在启动语音交互界面之后,仅需说出"太冷""太热"就可以让系统做出相应的反应。

图1-7 智能语音车载系统

有了智能语音车载系统,我们可以给它取个名字,比如叫"小车",我们可以想象,开车时车厢里会充满怎样的欢乐。比如,驾驶员斜靠着座椅,一边专注地开车,一边向汽车发出各项指令:

"小车小车,打开收音机。"

"小车小车,换台。"

"小车小车,不想听了,关掉。"

"小车小车,有点冷。"

"小车小车,导航去电影院。"

"小车小车,避开堵车点。"

"小车小车,来一段相声。"

"小车小车,打开坐垫按摩功能。"

当然你的车也会时刻向你发出语音提示:

"前方是学校路段,请减速。"

"前方限速30千米/小时,请减速。"

上面的指令并不是发生在未来,现在的某些厂商推出的智能车载系统已经可以做到了。

1.7 翻译机

笔者去老挝旅游的时候，不懂老挝语，与当地人交流，只能用手势。在夜市买鲜榨果汁，店家伸出10根手指，我就知道了，要1万基普（注：老挝货币单位。）。我觉得贵了，就伸出5根手指，老板摇头不同意，你来我往，最后以9根手指（即9000基普）表示成交。当时我就想，要是有一个机器，能将对方说的老挝语翻译成中文，又能将我说的中文翻译成老挝语，该多好啊。

现在一些公司推出的翻译机就可以做到这一点，而且有的翻译机还可以翻译多个国家的语言。真是手持翻译机，走遍天下都不怕了。

我们也可以通过百度翻译或谷歌翻译来体验一下翻译机的功能。

图1-8与图1-9是我们使用有道翻译软件，将雅虎上的一篇新闻，翻译成中文的结果。

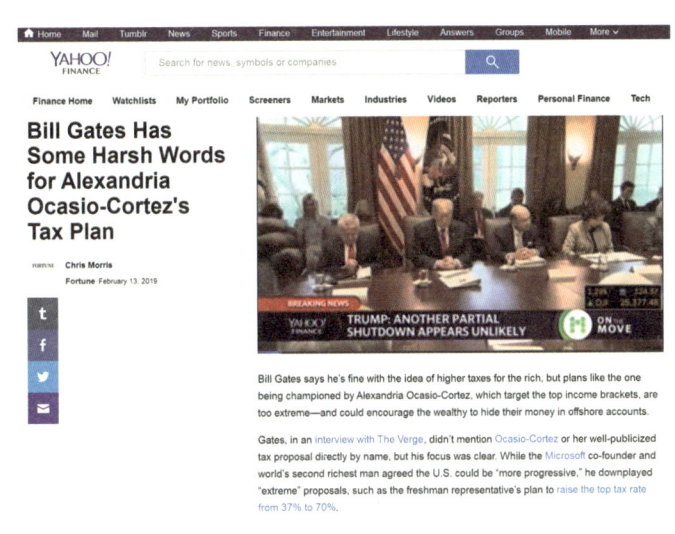

图1-8 有道翻译的英文新闻原文

图1-9 有道翻译的中文结果(注:并非完全正确)

我们从小学开始花费大量时间学习英语,即使学习了十几年,还是有不少学生学习的是哑巴英语,就算是能够读懂英语,但在听力和口语方面仍然存在很大困难,想看看好莱坞的原声电影,还必须要有字幕,遇到外国朋友,还张不开嘴。学好了英语,到了法国,与人交流又不行了。有人开玩笑说,美国人把我们学习英语的时间拿来学习科学技术,所以获得了很多诺贝尔奖。如果自然语言处理技术进一步发展,我们或许就不用花费大量时间学习英语了,通过翻译机,就可以自由地与外国人进行对话。

人脸识别

第二章
什么是自然语言处理

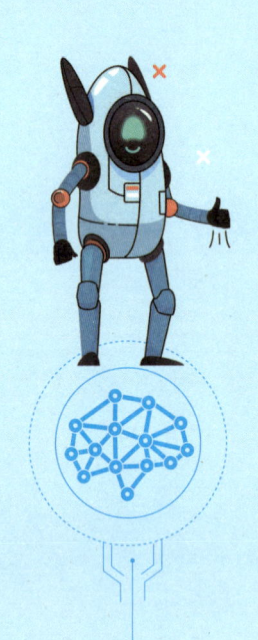

2.1 引言

"自然语言"就是指我们日常交流使用的语言,如汉语、英语、法语、俄语等。相对于自然语言,人类还发明了人工语言,其中有计算机编程语言,如 C 语言、Java 语言等。"自然"的意思就是指自然进化形成的,非人工设计的。

自然语言处理,简称 NLP。简单地说,NLP 就是让计算机像人类一样,能听、说、读、写自然语言。为什么科学家孜孜不倦地去研究 NLP 呢?这是因为计算机与人类之间存在隔阂。计算机有自己的机器语言,例如图 2-1 是一段 Intel 8086 系列计算机能理解的机器语言。

```
10111000000000000000000
10111001000000100000000
10000011111110010110010 0
0111111100000101
000111001000
01000001
11101011111110110
```

图 2-1 机器语言

你能看懂吗?这段机器语言实际上是完成了 1+2+3+……+100 的运算,这可是著名的数学家高斯小时候计算过的一道题,大家可以回想一下小高斯使用了什么样的计算方法。

　　这种语言除了专业人员以外，没人能读懂。后来，为了让人们更方便地使用计算机，科学家又发明了汇编语言，汇编语言采用简化的英文单词和简单的语法，使得更多的人能使用计算机了。比如图 2-1 的机器语言可以用汇编语言表示(图 2-2)。

图 2-2 汇编语言

　　图 2-2 的汇编语言大家觉得容易看懂一些了，但这种语言离自然语言还差很远，我们称之为低级语言。为了更好地使用计算机，人们设计了高级语言，比如 C 语言、Java 语言、Python 语言等。如我们把上面的汇编语言转换成 Python 语言。(图 2-3)

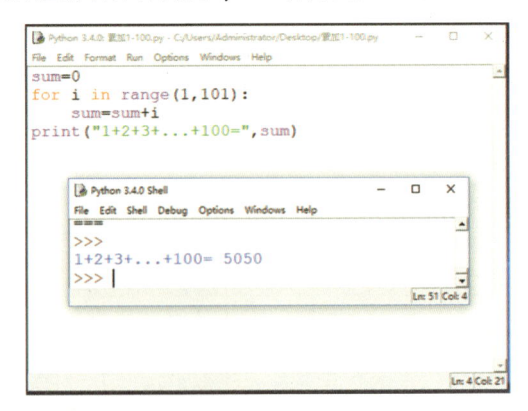

图 2-3 高级语言

这种语言更接近人类语言，具有更好的可读性。但即使是高级语言，如果没有经过专业学习，一般人也无法理解。所以，人和计算机之间存在一条鸿沟，计算机和人类之间互相不理解对方的语言，这使得我们不能很好地使用计算机。

如果完美地实现了NLP，就会改变我们使用计算机的方式，计算机就真正成了我们的伙伴。我们就可以用自然语言向计算机发布命令，甚至和计算机聊天了。计算机也能够帮助我们完成大量的文字工作，比如：打字、查找资料、翻译外文、改作文、写演讲稿、做文章摘要，等等。相比较现在的"复制-粘贴"方法，NLP就更加智能了。

如果用计算机专家的话来定义自然语言处理，就是用计算机通过各种算法，从听说读写四个方面，对自然语言从最小的单位"字"到"词汇""语句""文章"，进行各种加工处理。

2.2 自然语言处理的发展历史

我们一般认为第一代现代计算机是ENIAC，1946年诞生于美国宾夕法尼亚大学，用于炮弹弹道轨迹计算。从计算机诞生之日起，人们就在研究用计算机来处理自然语言。1950年，著名计算机科学家图灵认为计算机在未来将具有真正的智能，但怎么才能判断计算机拥有了与人一样的智能呢？于是，图灵提出了"图灵测试"。(图2-4)其设想是，准备两间屋子，一间里面是真正的人，另一间里面放置具有智能的计算机。现在，让两间屋子外面的人与屋子里的人或计算机分别进行交流，规定互相不能看见，只能发送文字信息。如果屋子外面的人不能分辨出哪间屋子里是人，哪间屋子里是计算机，则认为该计算机拥有了与人一样的智能。显然，图灵测试的前提条件是计算机拥有自然语言处理能力。

实际上，计算机刚一诞生，人类就在探索让计算机处理自然语言。

20世纪50年代，为

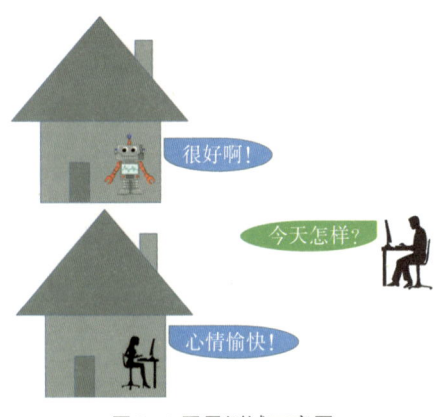

图 2-4 图灵测试示意图

了快速翻译来自苏联的情报,美国尝试利用计算机将大量俄语材料自动翻译成英语,我们称之为机器翻译,这是自然语言处理的一项重要应用。当时的研究者认为机器翻译非常简单,只要将俄语单词翻译成英文单词,再按照一定的规则装配起来构成句子即可,这也是最早的机器翻译的思路。1954年,美国乔治敦大学和IBM公司首先研究出了一个简单的机器翻译系统,可以处理250个单词,拥有6个语法规则。该系统成功地将60多个俄语句子翻译成了英语句子。在这一阶段,语言学家也参与到了机器翻译的研究之中。人们认为,要用计算机处理语言,必须先建立计算机能够理解和处理的自然语言模型。人们开始了对词法、句法、语法、语义和语用的研究,著名的语言学家乔姆斯基建立了自然语言的有限状态模型,用有限状态自动机来刻画语言的语法,使得计算机能够通过该模型分析自然语言。这些成功使得人们大受鼓舞,以为能够在3-5年内开发出完美的机器翻译系统。但是经过多年努力,这一愿望落空了,美国科学院甚至一度全面否定了机器翻译的可行性。原因何在?道理很简单,机器翻译太难了,如何解决语言中的歧义就是一大难题。

图2-5 翻译工作示意图

比如有时候你说话被别人误解了,心里十分委屈,这可能就是自然语言的歧义引起的。非常不幸的是自然语言普遍存在歧义现象,从词汇、句子到文章,都有歧义存在,而且在语法、语义和语用方面也存在歧义。我们举几个例子,你就明白了。

在词汇方面,不少词汇可以兼类,比如中文词汇"学习"既可以是动词,也可以是名词,还可以用于构造动名词。比如,"学习文件"就有两种理解,第一种意思是上级下发的学习文件;第二种意思是我们一起来学习文件。应该如何理解? 同音字也会造成歧义,比如隔壁办公室的朋友打电话给你说:"今天买的奉节脐橙很好吃,我分你一bàn。"你认为朋友会分你一半,还是一瓣?(图2-6)

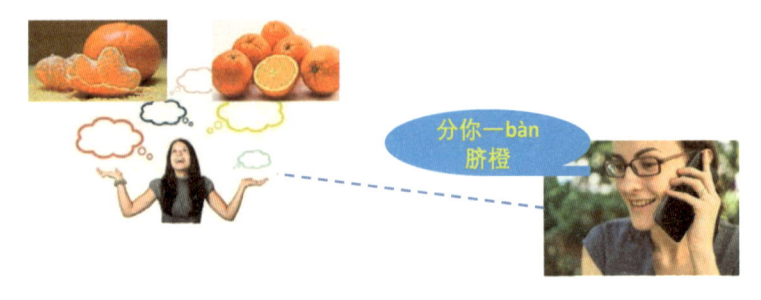

图2-6 一半还是一瓣

在句子层面,有些句子会因为句法关系的不同而产生不同的意义。比如"咬死了猎人的狗",如果这个句子是偏正关系,则可以理解为猎人被狗咬死了;如果理解为动宾关系,则可以理解为猎人的狗被咬死了。

语义关系指的是动词和名词之间的关系,如果把动词看作一个动作,我们就可以得出两种语义关系,一个是名词发出动作,二是动作针对名词。语义关系也有歧义,比如:"爱她的妈妈"这句话就存在歧义,是妈妈爱她?还是她爱妈妈? 如果爱是妈妈发出的,则可以理解为妈妈爱她。如果爱的对象是妈妈,则可以理解为她爱妈妈。

语言的歧义问题是非常严重的,有时候读音的轻重也会引起歧义,比如"我都买了",如果重读"都",那么这句话的意思是我全买了;如果重读"我",那么这句话的意思是我买了,你还不买?

大家可以想象一下,人类自己遇到自然语言的歧义问题,都会产生误解,计算机又怎么能够处理好呢?即使现在,我们拿到一些机器翻译的作品,也会发现很多类似问题。(图2-7)

实验

我们来做一个实验,将小学语文中的一篇课文《草虫的村落》的一个片段,交给百度翻译,翻译成英文,再将翻译好的英文,又交给百度翻译,让它再翻译成中文,大家来比较一下两者的区别,是不是离我们理想的机器翻译还有一定的距离呀。

实验结果如下:

My eyes were attracted by a group of musicians, who had more than a dozen bars scattered under two big trees - two clusters of wild shrubs, small purple-red fruits, which had been thoroughly baked by the sun. Beetle musicians fluttered their wings with great concentration, and the beautiful rhyme flowed out like a fountain. At this time, I think their music is superior to all the music on earth, which can only be played by insects!

我的眼睛被一群乐师吸引了,他们在两棵大树下散布着十几个酒吧——两丛野灌木,小紫红色的水果,这些水果已经被太阳完全烤熟了。甲虫乐师们聚精会神地扇动着翅膀,优美的押韵像喷泉一样流淌出来。在这个时候,我觉得他们的音乐比地球上所有的音乐都好,只有昆虫才能演奏!

图2-7 机器翻译实验

一直到20世纪70年代中期,一些机器翻译系统才在特定的领域取得了一定成功,并投入使用。比如,在天气预报领域,TAUM-METEO系统能成功地进行英法翻译。欧共体也曾采用SYSTRAN系统作为其翻译工具。在这一阶段,人工智能技术开始应用于机器翻译,知识表示、知识库、专家系统开始在机器翻译中得到应用。在特定的专业领域中,一些商品化的机器翻译系统开始出现。但在这个阶段,机器翻译还没有办法摆脱领域的束缚,成为通用的、全民皆可使用的自动翻译系统。

20世纪80年代,机器翻译又进入了一个欣欣向荣的时期。不少国家或机构启动了一些大型的机器翻译计划。但这些计划经过10年的研究并没有达到预期的效果。人们不得不承认机器翻译还不能大规模使用,还存在很多问题,机器翻译的结果离不开人的整理,而这个整理过程仍然十分艰辛。

20世纪90年代,数学开始影响机器翻译,特别是概率和数理统计在机器学习中开始运用,出现了基于统计的机器翻译。这一时期,IBM利用机器学习技术,在基于统计的语音识别和机器翻译的研究中取得突破,从而开启了自然语言处理的新时代。随着互联网时代的开启,自然语言处理才真正找到了用武之地,特别是Google搜索引擎的成功,把自然语言处理研究推向新的高潮。人工智能技术推进了自然语言处理的发展,各种机器学习算法在自然语言处理中广泛使用,比如:HMM模型、TF/IDF算法、LDA算法、Word2vec算法、K-Means算法、朴素贝叶斯算法等,特别是深度学习技术更是引领风骚。

2.3 自然语言处理的相关学科

自然语言处理技术是一门与语言学、计算机科学、数学、心理学、信息论、声学相联系的交叉性学科,与自然科学和社会科学的许多主要学科都有着千丝万缕的联系。其中,又与语言学、计算机科学和数学的关系最为密切。在更加细微的层面上,与自然语言处理技术密切相关的学科有计算语言学、智能化人机接口、自然语言处理,等等。其中,计算语言学是现代语言学的一大分支,它是用计算机理解、生成和处理自然语言,即它的研究范围不仅涵盖语言信息的处理,还包括语言信息的理解和生成。智能化人机接口侧重于语言信息处理的应用研究,即运用语言处理技术改善人机交互的方式、手段和途径。自然语言处理则是人工智能的一个分支,其研究重点侧重于对经深度加工处理的语言信息的理解,相当于语言处理技术在较高级语言单位上的应用研究。

人们在读完一篇文章之后就会在脑海里形成一定的印象,例如这篇文章讲的是什么人,做了什么事情,出现了什么情况,等,读者能够归纳出文章中的重点内容。机器阅读理解的研究就是赋予计算机与人类同等的阅读能力,即让计算机阅读一篇文章,随后让计算机解答与文中信息相关的问题。这种对人类而言司空见惯的能力,对计算机来说要做到却十分困难。

很长一段时间以来，自然语言处理的研究都是基于句子级别的阅读理解。例如给计算机一句话，让计算机理解句子中的主、谓、宾、定、状、补等语法成分。但长文本的理解一直是一个难点，因为这涉及句子之间的联系、上下文和推理等更高维的研究内容。

2.4 计算机怎样处理自然语言

这一节我们以手机为例(手机实际上就是一台计算机)给大家简单介绍一下计算机内部是怎么处理自然语言的。当我们拿起手机,打开语音助手,对着手机问:"今天天气怎样?"手机经过短暂的处理,会告诉我们:"今天天气晴转多云,最高气温25摄氏度。"你知道在这个过程中,手机(计算机)内部发生了什么?计算机是怎么处理我们说的话?

我们知道计算机只能理解自己的语言——机器语言,要想让计算机理解人类的语言,就需要把人类的语言转化成它可以理解(计算)的数值形式。

当我们对着计算机说话时,计算机的麦克风将我们的话语转换成了一组二进制数值,而计算机在第一时间并不会知道这堆二进制数值代表什么意思。因为计算机并不会像人那样"意识到"这句话的意思,还需要通过在这些数值之上的一系列自然语言处理技术,计算机才会最终理解我们的话并作出反应,图2-8描述了这一过程。

自然语言处理

听

当我们对着电脑说："今天天气怎样？"

① 电脑会通过麦克风采集我们的语音，并转换为波形数据，这组数据是用二进制表示的。

② 语音识别：通过语音识别，计算机将语音转换为了符号，把这句话存储下来，但别高兴太早，这句话在计算机内部仍是以二进制形式存在，计算机是不理解的。如：
1010011001110000011010101
0001110001010100011110001

今天天气怎样？

③ 分词

计算机要理解自然语言，首先要进行分词，大家想想，人类在学习语言时，也是从学习词汇开始的。

今天 天气 怎样

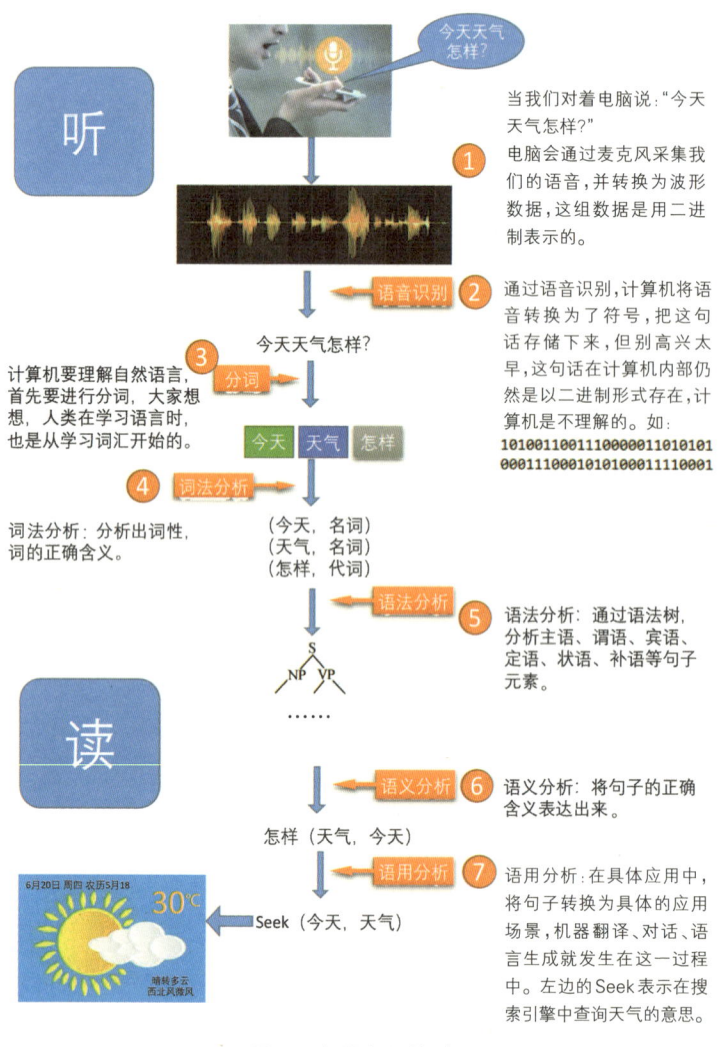

④ 词法分析

词法分析：分析出词性，词的正确含义。

（今天，名词）
（天气，名词）
（怎样，代词）

⑤ 语法分析：通过语法树，分析主语、谓语、宾语、定语、状语、补语等句子元素。

读

⑥ 语义分析：将句子的正确含义表达出来。

怎样（天气，今天）

⑦ 语用分析：在具体应用中，将句子转换为具体的应用场景，机器翻译、对话、语言生成就发生在这一过程中。左边的Seek表示在搜索引擎中查询天气的意思。

Seek（今天，天气）

图2-8 机器翻译的过程

图2-8仅仅描述了计算机自然语言处理中如何解决听和读的问题，实际上说和写的问题更为复杂，我们在后文再加以阐述。

人脸识别

第三章
计算机听懂人类语言

3.1 引言

我们能听到的声音实际上是空气振动产生的,没有空气的环境是没有声音的,比如太空中、月球上。我们敲打一面大鼓,听到"咚咚"的鼓声,同时也会感觉到鼓面的振动。鼓声就是鼓的振动,通过空气的传播被我们的耳朵感知的。(图3-1)

图3-1 敲打大鼓

我们说话就是由呼出的空气通过声带振动产生声音,再通过口腔、鼻腔的协作共同发声的。我们对着麦克风说话,振动的空气(声音)到达麦克风,麦克风就会将我们说话的声音信号转换为电平信号。(图3-2,图3-3)这种电平信号是一种连续的电压信号,还不是计算机能理解的二进制信号。计算机还必须通过"模/数转换器",将电信号转换为计算机能理解的二进制数据,这种二进制数据使用数值的大小来表达声音振动的大小。

图3-2 对着麦克风说话

实验

我们来做一个实验,用计算机话筒录下"人工智能",然后观察这段声音的波形。

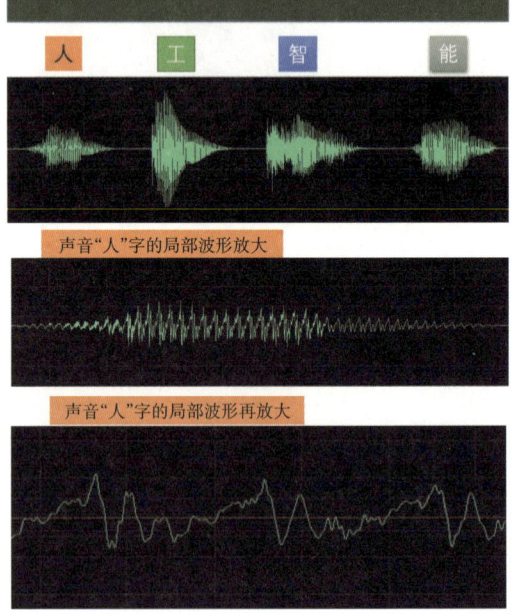

人　工　智　能

声音"人"字的局部波形放大

声音"人"字的局部波形再放大

图3-3 观察声音的形状

看到了波形图，也许你会觉得语音识别很简单。只要我们把每个汉字读音的波形记录下来，在语音识别的时候，将说话者的语音与记录的汉字语音进行对照，不就能够将语音识别出来了吗？如图3-4所示。

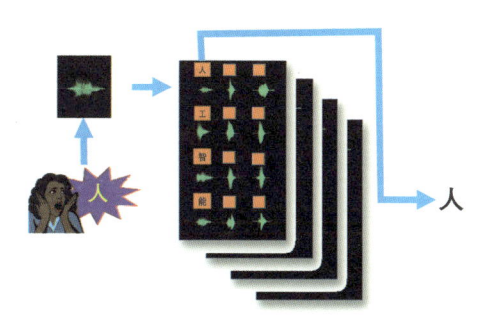

图3-4 声音转换成文字的思路

如果你有这种想法，那么恭喜你，你已经拥有了初步的计算思维能力了。但是这个想法太过简单，因为波形数据只记录了声波的振动幅度，随着说话人声音的大小、语气和音调的变化，波形也随着变化，所以无法用波形进行语音对比。图3-5是笔者连续说了9次"喵"，在说话声音大小、发声长度略有变化的情况下得到的波形图。可以看到，这些波形差异较大。

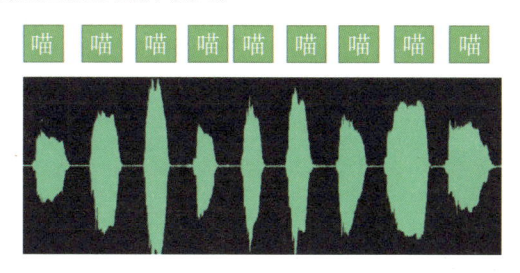

图3-5 "喵"的9个不同波形

所以我们还需要另辟蹊径，只有先研究清楚语音背后的秘密，才能得到语音识别的正确方法。

3.2 语音的秘密

人们说话时发出的语音,其实是一种声音,因而具有声学特征的物理特性。你可能难以想象,杂乱无章的波形数据背后隐藏了一个巨大的秘密。这个秘密是傅立叶发现的。傅立叶发现,任何一个波形,其实都是由若干个正弦波组合而成的,或者说,任何一个波形都可以分解为一系列频率不同的正弦波。就拿大家常喝的奶茶为例,奶茶也是由若干成分组成的。(图3-6)

品名:××奶茶
成分:白砂糖、植脂末、乳粉、速溶红茶粉、添加剂:食用香精

图3-6 某奶茶的成分

这些不同的成分组合在一起,就形成了奶茶独特的口味。其实声音也是如此,任何一个声音,实际上都是由不同频率的正弦波组合而成的。(图3-7)

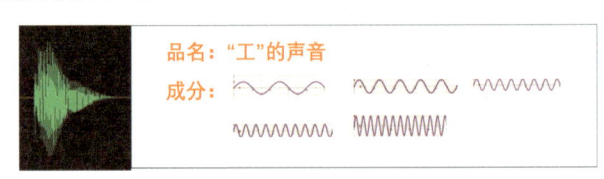

图3-7 声音的成分

声音的不同,其实就是因为正弦波的成分不同造成的。这就给

了我们一个启示，能不能先将声音的波形数据转换为声音的不同频率的正弦波成分，然后再进行语音识别？为了能更形象地处理声音的成分数据，科学家又发明了频谱和声谱两种图形工具来进一步分析和处理声音。

声音信号属于短时平稳信号，也就是说，在极短时间内（10—30毫秒），声音的频率变化不大。我们选取两个"喵"声的波形和一个"天"声的波形数据进行比较，在这三个声波图中选取同一个时间片并转换成频谱，可以观察到，两个"喵"的频谱成分是类似的，但它们与"天"的频谱成分区别很大。（图3-8）

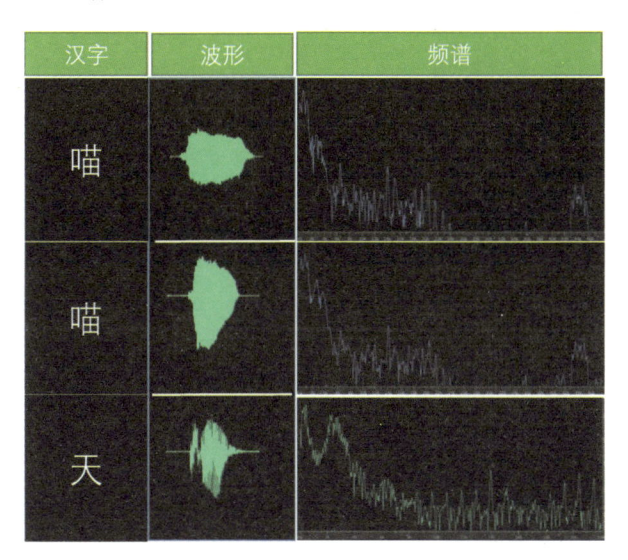

图3-8 频谱图示例

频谱反映了某个声音在一个时间片上的频率分布情况，而实际上，在声音的发生过程中的各个时间点，频率是有变化的。所以，科学家发明了声谱，将声音从开始到结束的连续时间点的频谱排列起来，就得到声谱。（图3-9，图3-10）

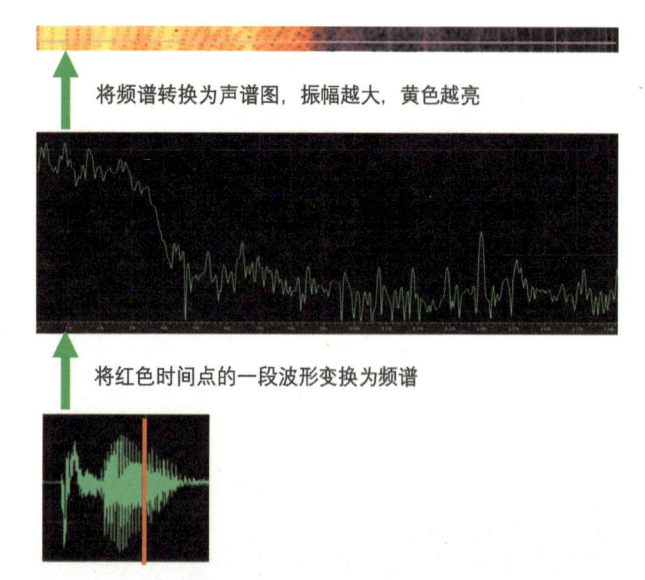

将频谱转换为声谱图，振幅越大，黄色越亮

将红色时间点的一段波形变换为频谱

图 3-9 声音的波形转换为声谱的示例

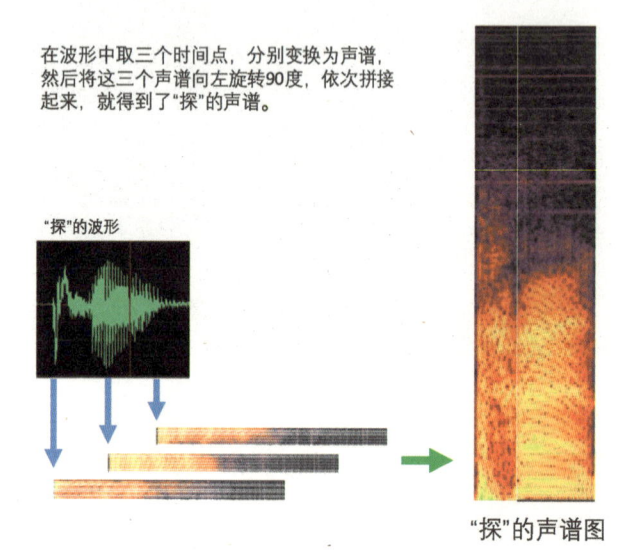

在波形中取三个时间点，分别变换为声谱，然后将这三个声谱向左旋转90度，依次拼接起来，就得到了"探"的声谱。

"探"的波形

"探"的声谱图

图 3-10 "探"的声谱

声谱的应用可多了,我们在声谱中不仅可以分析出汉字读音的声母、韵母等音素,还可以分析出汉字读音的声调。图3-11就是"探""天"两个汉字读音的声谱,我们不仅可以观察到声母和韵母的界限,还可以看到"探"的声谱中的横向纹路向下倾斜,表示"探"的声调是四声。"天"的声谱中的横向纹路是水平的,表示"天"的声调是一声。是不是很神奇?我们也把声谱中的横向纹路称作"声纹",其跟指纹相似,可以区别不同的人的声音。

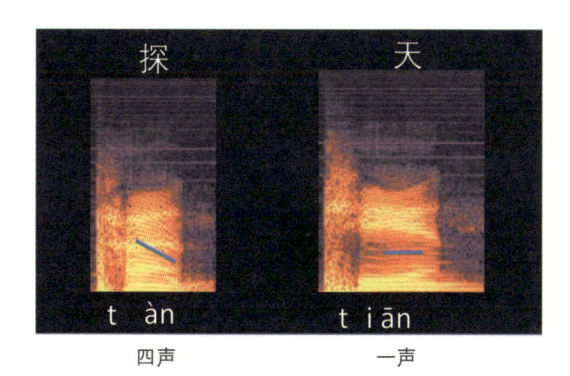

图3-11 声纹的例子1

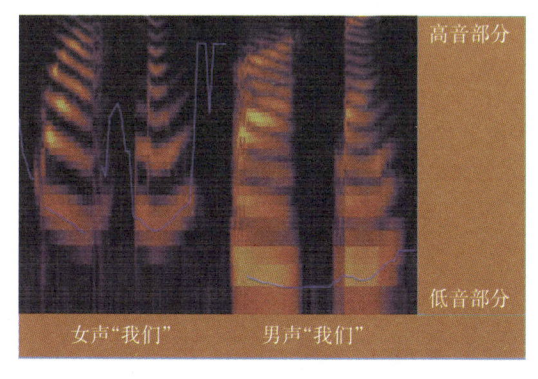

图3-12 声纹的例子2

图3-12显示的是频谱声调,从图中可以看出,不同的人在说同

一个字的时候,声纹是不同的。从图中还可以看出,男声比女声要低沉。

现在已经出现了声纹锁、声波付等应用。声纹锁的功能就像"阿里巴巴和四十大盗"中那样,对着门说一句话,门就开了。但是声波付不是识别主人的语音,而是采用的超声波技术。用户在进行声波付时,需要打开手机的声波付功能,对准商家的接收机,这时手机会发出特定的超声波,接收机识别后,完成支付。现在你明白什么是声波付了,如果你第一次遇到一个声波付自动售货机,千万不要对着它喊"我要买一瓶可乐"。

当然,声谱的最大应用是作为语音识别的基础。

3.3 语音识别的原理

要让计算机听懂人类语言,就要对计算机进行听力训练,经过机器学习,计算机就会听懂我们的话。本书以汉语语音识别为例,做一个简要介绍。

第一步,我们要找很多人来录音,男女老幼都要有,对汉字一个字一个字地录音,形成一个语音库。(图3-13)

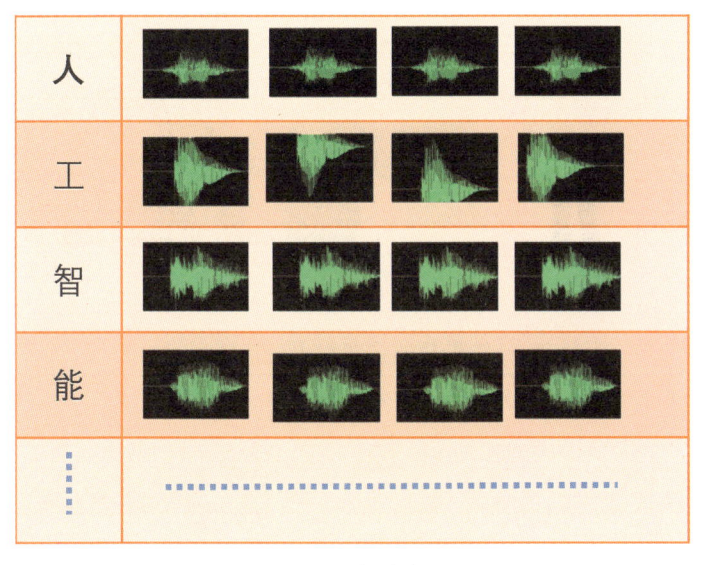

图3-13 语音库

第二步,我们用语音库来训练计算机,教计算机认字。(图3-14)

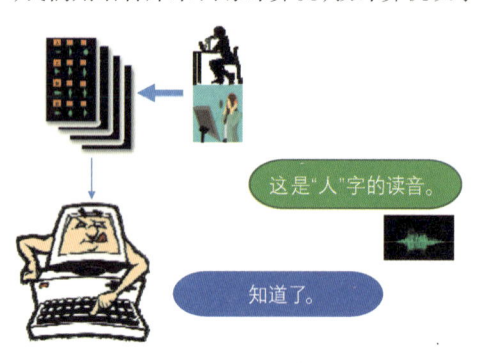

图3-14 训练

第三步,当我们训练好计算机,计算机就会拥有一个声学模型,再配上语言模型,计算机就可以将我们说的话转换成汉字了。(图3-15)

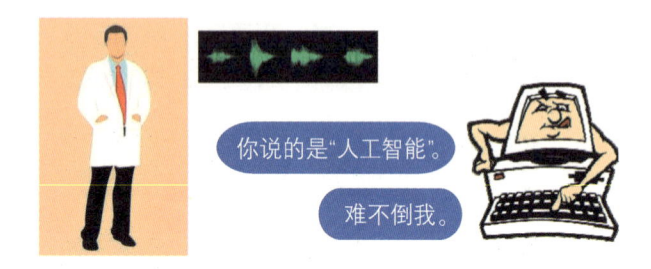

图3-15 转换

到这个阶段,计算机只能将我们说的话转换成文字,不能理解我们的意思,要做到这一点,计算机还需要学会自然语言处理技术。

这一节讲的语音识别的道理,看起来很简单,但其中蕴含了大量复杂的声学、数学和计算机知识。我们将在后文提及这些知识,但不做详细阐述,也不涉及数学公式。

3.4 语音特征提取

正如前面介绍的,声音的波形数据被转换为了声谱,但是这个声谱还包含了太多噪声和超越人耳能听到的频率信号。人们发现,声谱中的低频和低幅部分就包含了语音信号中大部分有用的信息,人对声音频率的区分并不敏感,如果两个声音的频率比较接近,人就可能将这两个声音听成一个。所以,有必要对声谱进行进一步转换,提取出最能代表人的语音的特征,再交给计算机去处理。

完成这一任务有很多方法,常用的是用MFCC提取语音特征。MFCC模拟了人耳对语音感知的特点,可以像人一样去提取语音特征。通过MFCC处理后,一帧声音,将变换成39个数,这39个数排列在一起,我们称之为特征向量。(图3-16)

我们用于训练计算机的,实际上是语音的特征向量。

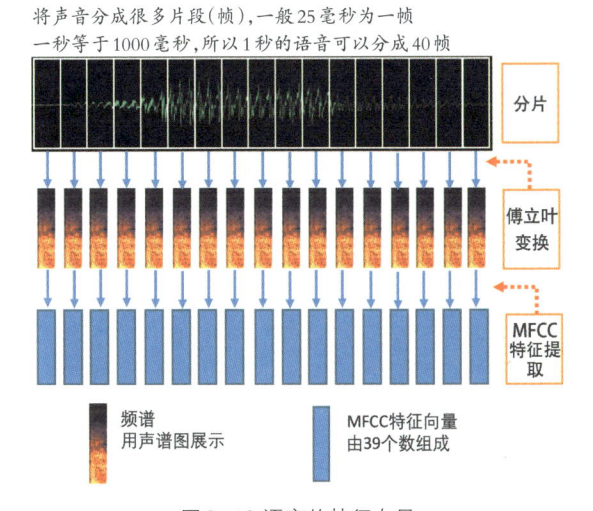

图3-16 语音的特征向量

3.5 训练声学模型

训练计算机语音识别有不少方法,我们介绍常用的GMM+HMM方法。在这个方法中,人们设计了两个模型,一个是GMM,高斯混合模型;另一个是HMM,隐马尔科夫模型,这两个模型一起配合完成声学模型的建设。这里我们通过一个简单的例子给大家介绍一下。

我们知道汉字的发音是声母、韵母和音调组合而成,我们把声母和韵母称为音素。为每一个音素建立一个HMM,用于识别该音素。汉字有21个声母和35个韵母,共56个音素,所以至少要建立56个HMM来识别音素。我们还需要建立一个音素字典和发音字典,帮助计算机记忆HMM与音素的关联。

发音字典

汉字	发音
人	rén
工	gōng
……	……

音素字典

音素
r
g
én
ōng
……

一个HMM的结构如图3-17所示。

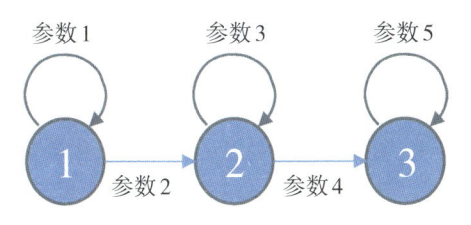

图3-17 HMM

HMM是一个从左向右、单向、带自环的图结构,图中的一个圆节点表示一个状态,图中的箭头表示状态转移,箭头上的数字是参数,表示从一个状态转移到另一个状态的可能性。当我们把一个音素的MFCC特征向量输入这个因素的HMM时,HMM会从状态1变换到状态3,并最终计算出一个结果,该结果表示这组特征向量识别出是这个音素的可能性的大小。

每个状态中都有一个GMM,用于将MFCC与HMM联系起来,我们可以想象特征向量是由状态发射(生成)出去的。GMM可以告诉我们,一个状态发射出某一特征向量的可能性有多大。也就是把一个特征向量告诉GMM,GMM可以计算出它所在状态发射出该特征向量的可能性。这里,我们给出一个最简单的GMM的样子,这是一个拥有三个高斯分布的一维GMM,给它一个样本数据,它能告诉我们该数据的生成概率是多少。(图3-18)

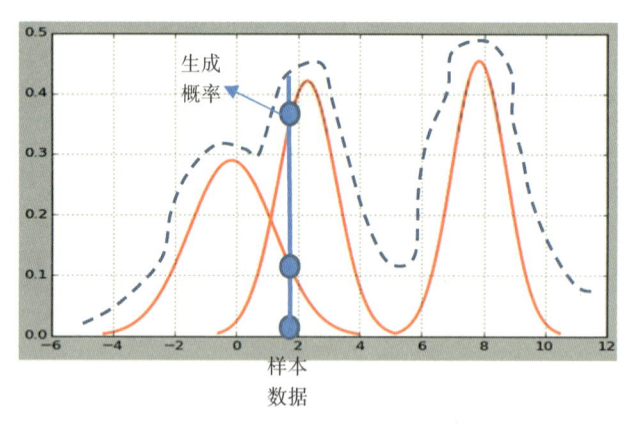

图3-18 一个简单的GMM

MFCC特征向量有39个维度,它的GMM是不可能想象出来的,更不可能画出来。

现在我们把GMM画在HMM的一个状态里,如图3-19所示。

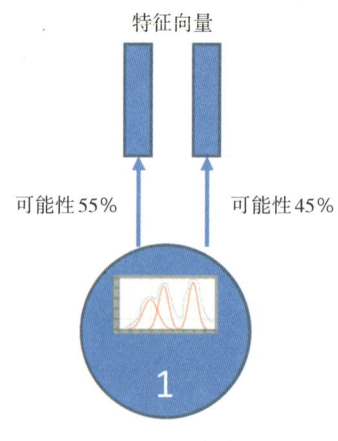

图3-19 HMM中的GMM

大家了解了 HMM 和 GMM 后,我们再给出一个简单的例子,来看看 HMM+GMM 是怎么建立语音模型的。(图3-20)

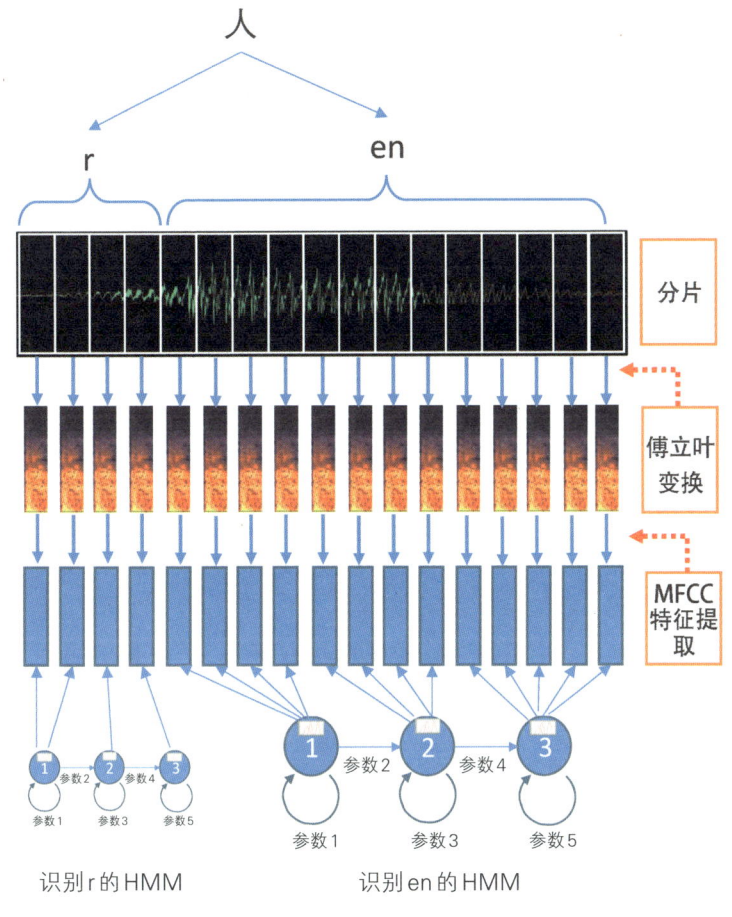

图3-20 HMM+GMM 构造语音模型

当我们建立好了语音模型后,接下来看看怎么训练它,训练语音模型的方法实际上就是调整参数,在这个模型中有三个地方需要调整参数。(图3-21)

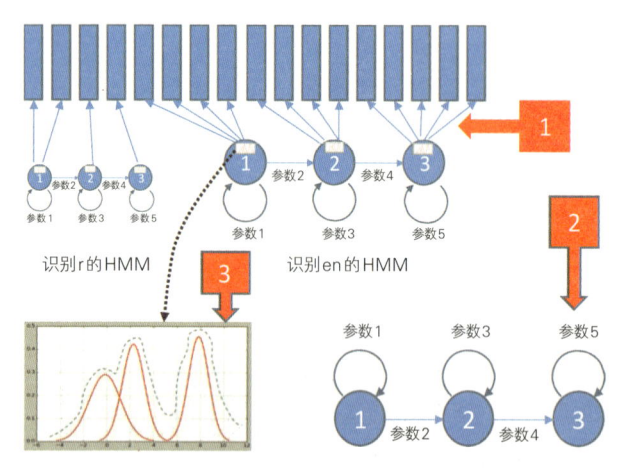

图 3-21 训练语音模型

(1)哪些 MFCC 特征向量由哪个状态发射。

(2)HMM 的状态转移可能性的大小。

(3)GMM 的形状。

这三个地方的参数调节,由 EM 算法负责。我们只需要把大量数据"喂"给训练系统,EM 算法就会不断调节三个地方的参数,直到各音素的 HMM 达到较理想的效果为止。(图 3-22)

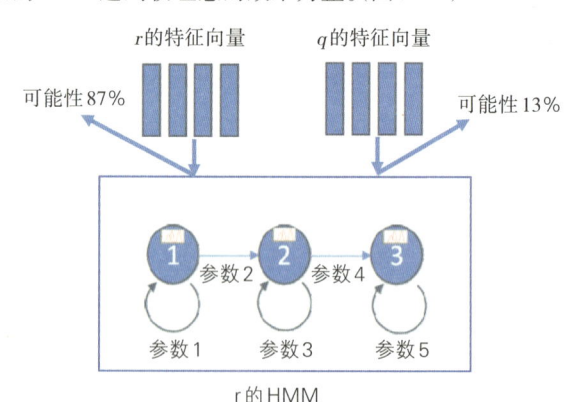

图 3-22 r 的 HMM

3.6 语音解码

训练好语音模型以后,就可以将一段语音识别(解码)为一段文字了。语音解码的过程是:首先识别语音中的音素,然后将音素组装成读音,最后根据读音查发音字典,就可以知道是哪个文字了。比如,从一个特征序列中先识别出音素 r,接着识别出了音素 én,两个音素拼起来是 rén,通过查发音字典,计算机就可以识别出"人"字(同音字问题我们后文讨论)。(图 3-23)

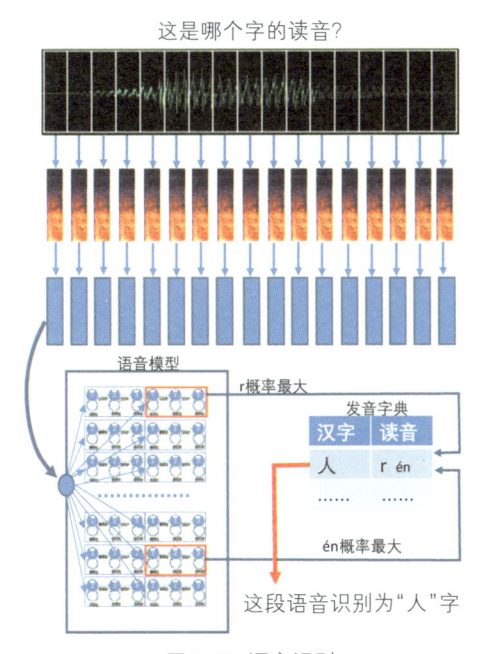

图 3-23 语音识别

我们依然需要首先把语音变换为一组语义特征序列，然后将这组语义特征序列交给计算机，计算机会将一个个语义特征交给每个HMM去识别，最后每个HMM计算出一个概率，概率最高的即为识别出的音素。

3.7 语言模型

由于汉字存在同音字现象,当我们识别到一个读音 rén 的时候,我们有好几个选择。

汉字	读音
人	rén
仁	rén
壬	rén
……	……

科学家通过对大量的语料进行统计,建立起语言模型,计算出各种句子的概率,取概率最大的句子作为识别的结果。科学家通过分析大量语料,统计出两个汉字一左一右出现在语料库中的次数,就可以得到下面这张表。

……	……	工	……	能	……
仁	……	2	……	……	……
人	……	978	……	……	……
壬	……	1	……	……	……
只	……	……	……	1025	……
智	……	……	……	956	……
……	……	……	……	……	……
……	……	……	……	……	……

比如，我们识别出的语音是 réngōng zhìnéng，我们在转换成汉字时，不能一个字一个字地转，而是要考虑前后两个字的情况。当我们要识别 rén 是哪个字时，我们还要看后面的 gōng，查表可以看到"人工"的出现的次数最多，所以可以认为 réngōng 应该识别为"人工"。接着识别 zhìnéng（如果不考虑音调），查表可以看出"智能"和"只能"都可以。这时候，再去查另一张表，发现"人工智能"比"人工只能"出现的次数多，所以最终的识别结果就是"人工智能"。

科学家把上面的语言模型称为 N-Ggam 模型，其理论基础是马尔科夫模型。

人脸识别

第四章
计算机理解人类语言

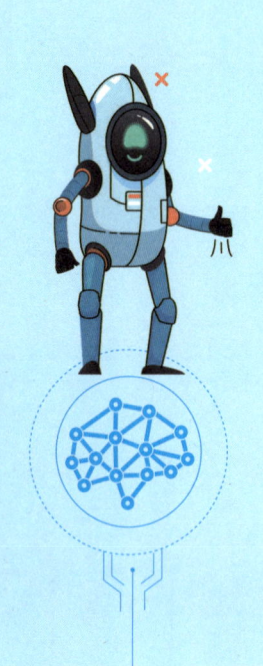

所谓计算机能听懂我们的话,实际上借助的就是计算机语音识别技术。通过该技术,计算机将我们的语音转换成由文字组成的句子,这些句子在计算机内部是由二进制编码构成的。在计算机眼里,这些就是计算机可以计算的数据。实际上,计算机还不能够理解这些二进制数据的意思。本章要讨论的是,如何让计算机理解我们说的话。这一技术,我们称之为自然语言理解。

4.1 引言

谈到自然语言理解,我们先讲一个故事。

你在旅游时认识了一位法国小朋友,回家后收到他的一封信,打开信纸,上面有一句话:

"Je veux faire des amis avec vous."

因为你没有学过法语,怎么读懂这句话呢,你面临一个和计算机理解人类语言同样的问题,因为计算机也没有学过人类的语言。我们来看看人类是怎么去理解没有学过的语言的,聪明的你肯定会想到,先查字典,于是你找来词典,开始翻看起来。经过一段时间的忙碌,你终于把这句话中的全部单词都查到了:

法语单词	中文单词
Je	我
Veux	想要
Faire	做
Des	的
Amis	朋友
Avec	和,同
Vous	你

你看了一遍这些单词的中文意义,基本就理解了这句话的意思是"我想要和你做朋友!"现在,你是不是觉得自然语言理解很简单,只要把每个单词的意思弄明白就可以理解了。我们这里可以得到一个结论:理解语言的第一步是认识字和词。

然而,事情并没有这么简单。我们来看图4-1,这就是将英语单词按词典的解释一一对应翻译成中文的,但是这种翻译的结果你能理解吗?

图4-1 一个有趣的菜单翻译

只是将英文单词直接对应于中文词语,这样的翻译,读者不一定能够理解句子的真正意思。

我们来做一个实验,把一个句子中的词和短语打散,乱排起来,你能理解是什么意思吗?我们来做一道小学生常做的连词成句的练习题:

那只 看着 站在 绿色的 可爱的 小青蛙 荷叶 上 蝴蝶

这道题比较难,可以有多个答案,我们难以确定句子的主语、修饰语,因而会让我们疑惑。

(1)谁站在荷叶上?

(2)谁是绿色的?

(3)谁看着谁?

所以,词和短语要按照一定的语法规则组装成句子,才能让人理解其含义。

我们再来做一道小学英语的连词成句练习题:

afraid, used, speaking, of, to, she, be, group, a, front, in, of, tea, it, seems, drink, that, world, many, the, people, over, all

我们发现,做英语的连词成句更难,原因是我们对英语的短语和语法更加不熟悉,在把单词连接成为句子之前,很难理解这些单词组合在一起的含义。

在笔者读中学的时候最怕读文言文了,考试也最怕遇到文言文的题了,不仅是有不少字不认识,即使一个句子中的字全都认识,也常常读不懂这个句子。

我们来看这样一段古文,"即欲捭之贵周,即欲阖之贵密。周密之贵微,而与道相追。"你能看懂吗?不懂的原因主要有以下几点。

(1)有些字不认识。

(2)有些字不知其意。

(3)不懂文言文的语法。

所以,当我们不认识字、不懂得语法时,我们就不能理解语言。

我们这里可以得到另一个结论,理解语言必须学习语法。

如果一个句子的语法出错,就会导致理解问题,我们来回顾一下中小学常见的一些语法病句:

他的考试已经被录取了。(主谓搭配不当)

他购买了台灯和照明器材。(并列的宾语具有包含关系)

一支动听的歌声。(修饰语不符合所修饰的对象)

数学对于我不感兴趣。(主客体颠倒)

从上面的病句可以看出,语法的错误会让我们对句子的理解产生偏差。

回想一下我们从小学开始学习语文的历程,把各个年级的知识点简单总结如下。

小学语文

一年级:学习拼音,识字。

二年级:识字。

三年级:学习词汇,组词,句子。

四年级:词语,口语,习作,阅读理解,句子。

五年级:生字,句子,口语,写作。

六年级:抄写喜欢的句子,词语盘点。

初中语文

七年级:词性。

八年级:主谓句,非主谓句。

九年级上:因果类复句,多重复句,句子结构完整性,表达要合理,句子成分搭配要得当,使用句式要单一。

  实际上,计算机要理解人类的语言,也要完成这样一个过程。计算机要实现对自然语言的理解就如同我们学习一门外语一样,从认字开始,经历了单词、短语、语法、阅读理解等方面的学习,直至最终掌握这门语言。

4.2 中文分词的基本原理

在自然语言理解过程中,分词是中文处理的一个特殊步骤。分词就是把在句子中的单词一个一个找出来。英语不需要分词,因为英文句子中的每一个单词之间都有空格隔开。(图4-2)汉语句子是由一个个汉字连续组成的,词语之间没有明显的分隔标志。因此,计算机在进行中文处理时,第一步就是分词。

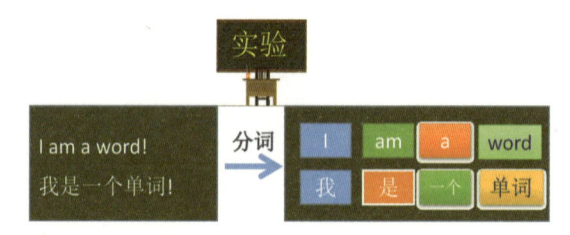

图4-2 英文分词

分词看起来是一件很容易的事,因为对我们人类来说,分词是自然而然的事。但对计算机来说,任何事情都需要通过算法来完成。计算机在处理英语时,只要以空格为界,就能将单词提取出来。但在处理中文时,由于字与字之间没有分隔标志,分词的处理难度较大,需要采用与英语完全不同的算法。(图4-3)

中文分词大致有三种方法:基于词典的分词法、基于语法和规则的分词法、基于统计的分词法。

基于词典的分词法其实就是查词典,首先在计算机内部建立一个包含全部词汇的词典,在分词的时候,我们从左向右在词典中查询句子中的汉字片段,如果找到了对应的词汇,则完成一个词的识别,然后继续后续的处理。这个分词法简单、实用性强,但存在两个问题:一是我们无法建立一个包含全部词条的词典,而且随着社会发展,每年都会产生不少新的词条。《新华词典》大约收录了4万词条,《辞海》收录了大约12万词条,《汉语大辞典》收录了大约38万词条,但仍然不可能包含全部词汇。二是这种方法的效率太低,因为我们查一个词,必须把词典翻一遍,才能确定有没有这个词。虽然我们可以建立部首或拼音索引来加快查词典的速度,但效率仍然较低。

图4-3 中文分词

大家也许觉得查词典的分词法很简单,其实这里也还有一个算法设计问题。大家可以想一想每次我们应该取多少个汉字组成的片段去查词典? 有的人会说两个汉字构成一个词啊,但实际上汉字的词汇很灵活,既有1个汉字一个词的,也有两字词、3字词、4字词、5字词……专用名词更长,比如"中华人民共和国发展与改革委员会"就有15个字。如果我们的片段取小了,则那些字数多的名词就可能识别不出来,分词就不够准确。比如:"西南师范大学"在取不同的构词字数的情况下,分词结果差异较大。(图4-4)

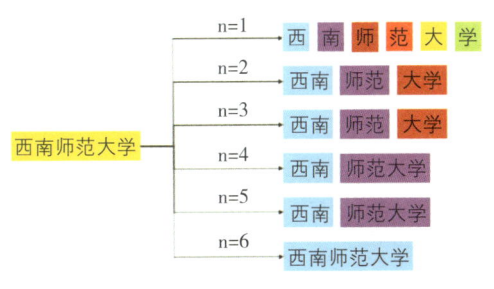

图4-4 中文分词的差异性

所以,基于词典

的分词法一般是取汉字词汇的最大可能片段,其基本思想是:假设词典里面最长的词条有 n 个汉字,则从句子最左端向右连续取 n 个汉字的片段去查词典。如果找到了对应的词,则将该片段切分为一个词。如果没有找到,则去掉该片段的最后一个汉字,继续查词典,重复上述步骤,直到找到对应词条为止。

现在我们来用最大正向匹配算法对"今天来了一个新朋友"进行分词,假设词典最长的词条有 5 个汉字,那么分词过程如图 4-5 所示。

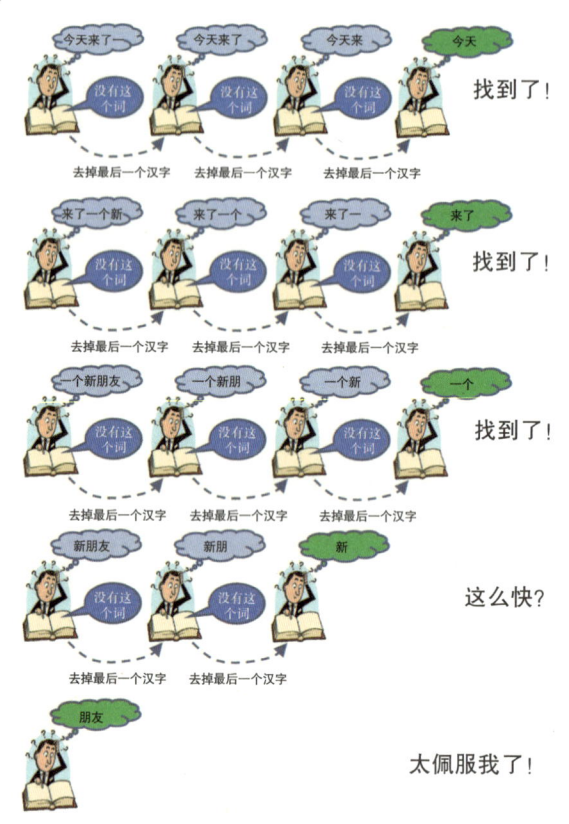

图 4-5 最大正向匹配算法

这样我们很快就能将"今天来了一个新朋友"切分成"今天/来了/一个/新/朋友",这就是最大正向匹配算法的操作过程。

通过上面的例子,大家初步明白什么是分词操作了。但实际上,分词的方法还有好几种,比如:基于语法和规则的分词法和基于统计的分词法等。本书不再介绍这些分词法,感兴趣的读者可以自己去学习这些方法。

4.3 中文分词的歧义问题

中文分词中的一个重要难题称为"歧义",也就是一个中文句子分解为词汇的结果不是唯一的。这是一个严重的问题,因为这会导致我们理解句意时也产生歧义。下面这个实验,就说明了这个问题。(图4-6)

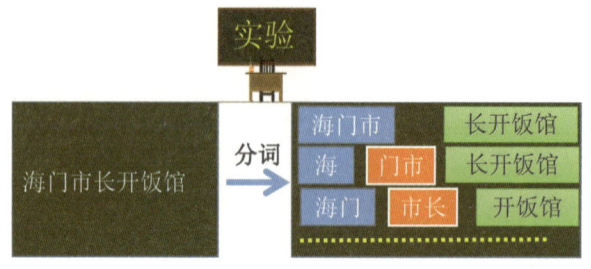

图4-6 中文分词的歧义性

再举一个例子,比如"结婚的和尚未结婚的"这句话,也可能存在两种分词结果,一是"结婚/的/和/尚未/结婚/的",还有就是"结婚/的/和尚/未/结婚/的"。(图4-7)

图4-7 结婚的和尚未结婚的

从这些例子可以看出,中文分词结果的不同,会直接导致对句意理解的不同。一般而言,中文分词存在三种类型的歧义问题:交集型歧义、组合型歧义和真歧义。

(1)交集型歧义:表现为句子中的一个片段,可以与它前面的片段或者后面的片段构成词。(图4-8)

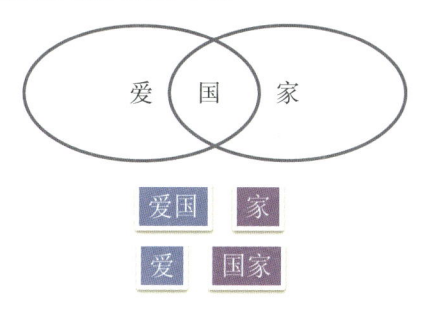

图4-8 交集型歧义

从图中可以看出,"国"字,可以与前面的"爱"字组成"爱国"一词,也可以与后面的"家"字组成"国家"一词。在计算机看来,图中的两种分词方案都是可行的。交集型歧义在分词歧义中最为常见。比如,"学校只有校办具有用印的权力"中,"具有用"这个片段是不是也存在交集型的歧义呀?

(2)组合型歧义:表现为句子中相邻的两个片段,既能各自为词,也能组合起来构成一个词。(图4-9)

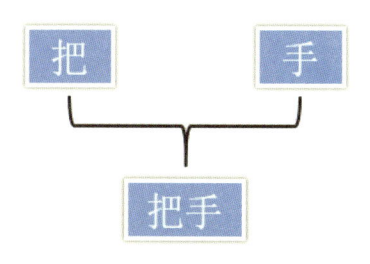

图4-9 组合型歧义

例如图中的"把手"这个字段,在"你/把/手/抬高/一点"这句话中,"把"和"手"是单独作为词存在,分词的时候要将它们切分开。而在"这个/门/的/把手/坏/了","把"和"手"就组合成了"把手"这个词,这时候分词又不能将两个片段切分开。对于计算机来说,判断一个组合型歧义字段什么时候要切分开什么时候不切分开也是一个难题。还有像"将来""穿着""对头"等字段都是组合型歧义字段,有兴趣的朋友随便翻一本书就能发现里面有很多的组合型歧义字段。

(3)真歧义:指给出一个语句片段,不结合其他的信息,人们无法判断出该片段的正确切分方式,我们就称这样的片段为真歧义。比如"球拍卖完了"可以切分为"球拍/卖/完了"或者"球/拍卖/完了",两种切分方式在语法和语义上都是正确的,表达的意思却完全不同。(图4-10)

球拍/卖/完了　　　　球/拍卖/完了

图4-10 切分方式示例

这种情况下,我们不知道其他信息就不知道这个字段表达的意思,就更不能判断出哪一种切分方式是正确的。

到目前为止,我们还没有一个方法可以完全解决中文分词的歧义问题。我们在进行中文分词时,常常是以句子为单位进行的。事实上,一个词汇的出现与其上下文环境存在着紧密的关系,要想达到满意的分词效果,那么所使用的分词算法就必须能够反映和处理这种上下文依赖关系。比如"球拍卖完了"这句话,究竟是"球拍/卖完了"还是"球/拍卖/完了"?就要看这句话的上下文是如何说的。

怎么在计算机分词中使用上下文的依赖关系呢?我们可以使用统计方法。统计语料库中词汇出现的频率,当出现分词歧义时,选择频率高的词汇。比如"球拍卖完了"这句话,如果语料库中"球拍"的频率高,就理解为"球拍/卖完了"。如果"拍卖"的频率高,就可以理解为"球/拍卖/完了"。但是这种统计的方法只能部分解决分词歧义问题,因为它没有考虑上下文的意义,并且会有不少例外情况发生。没有哪种分词方法能够像人一样通过熟练运用上下文语境来解决歧义问题。通常情况下,我们都是通过对某些分词方法的有机结合,使其弥补各自的不足,尽可能高效高准确性地解决分词问题。

我们再介绍一个使用统计学原理进行分词的方法:词网格分词方法。其基本思想是,通过查词典,找出一个句子中全部可能的词。然后画一张图,图中的节点有两种:字节点和词节点。字节点由句子中的单个汉字构成,词节点由句子中的所有可能词构成,节点之间按照句子从左向右的顺序用箭头连接起来。

现在以"重庆市长江大桥"为例,来看看词网格分词方法是如何操作的。首先这句话的字节点就是"重""庆""市""长""江""大""桥",然后通过词典匹配得到了"重庆""重庆市""市长""长江""大桥""长江大桥"这样几个可能的词节点,绘制出如图4-11所示的词网格。

字节点 重 庆 市 长 江 大 桥 终点

出发

词节点 重庆 市长 长江 大桥

重庆市 长江大桥

一个分词方案： 重庆 市 长江 大 桥

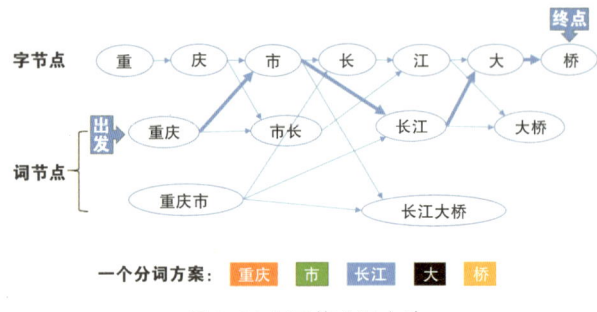

图 4-11 词网格分词方法

这张图怎么看呢？我们可以从最左边的任意一个词节点出发，沿着箭头向右前进直到终点，所走过的节点构成一条路径，就是一种分词的方案。例如图 4-11 中，我们沿着粗线箭头前进，可以得到一个分词方案："重庆 市 长江 大 桥"。

按如图 4-11 的方法可以得到多个分词方案。那么，哪个方案是正确的呢？这个时候统计学就派上用场了。我们可以在大量语料库中统计出汉语中单个词出现的概率和两个词前后相邻的概率。如图 4-11 中，"重庆""市"两个词的前后相邻的概率几乎为 0，因为我们一般是把"重庆市"作为一个词，而不会拆成"重庆""市"两个词。我们在数据库里查出图 4-11 中前后相邻的词的概率标注在图中的箭头上，然后就可以将每条路径上的概率累加起来，累加概率最大的路径就是最佳的分词方案。

同样可以用这个方法解决"结婚的和尚未结婚的"这句话的分词歧义问题。首先如图 4-12 绘制出这句话的词网格图形。（图 4-12）

结 婚 的 和 尚 未 结 婚 的

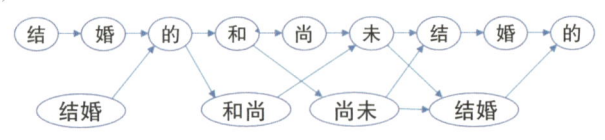

结婚 和尚 尚未 结婚

图 4-12 词网格解决歧义问题示例

计算这个词网格中每一条路径的概率,就可以得到相应的分词结果。其实,在语料库中统计的"结婚/的/和/尚未/结婚/的"这条路径的概率比"结婚/的/和尚/未/结婚/的"这条路径的概率大,继而就得出了这句话最可能的切分结果。

4.4 中文分词的命名实体问题

除了分词歧义以外，命名实体的识别也是自然语言理解中的一个基本问题。命名实体主要包括人名、地名以及组织机构名，比如"张三""江北嘴""中央机构编制委员会办公室"等。命名实体的识别是机器翻译、问答系统、信息检索、信息抽取等自然语言理解技术必不可少的组成部分。

命名实体识别的难点有两个：一是由于命名实体的数量不断增加，通常的词典是不可能全部列举出这些命名实体的。如果不进行命名实体的识别，这将导致分词的时候可能会将这些命名实体切分成一个一个的文字，必然会影响分词操作的质量，也会影响后续对语句的分析过程。二是如果我们不能知道一个命名实体是人名还是地名或是其他名称，则无法理解一个句子的意义。比如，"逍遥的肥猪给阳光下的星星投了一票"这句话是不是很难理解啊？但是如果我们知道了"逍遥的肥猪"和"阳光下的星星"是两个网名，那么这句话就好理解了。

中文命名实体的识别挑战比较大，因为大多数人名是未登录词，且中文命名实体的构词规律相当复杂，还存在地名嵌套人名、机构名嵌套地名等嵌套情况，而命名实体的长度也不确定。通常情况下，解决命名实体识别的主流方法是采用机器学习方法。

具体操作方法是：

第一步　人工标注

首先,我们需要定义一些标注用的符号,然后用这些符号对语料库的每一个命名实体进行人工标注。以人名为例,常用的标注符号如表4-1所示。

表4-1　人名标注示意

符号	意义
A	人名的上文
B	人名的下文
C	中国人名的姓
D	双名的首字
E	双名的末字
F	单名
I	姓与双名的首字成词
J	姓与单名成词
K	双名本身成词
X	连接词
Z	其他非人名成分

比如"来到邓稼先的家乡"通过上表标注的结果是:

来到/A　邓/C　稼/D　先/E　的/Z　家乡/Z

进行了以上标注后,计算机通过学习,就会知道"邓稼先"是一个人名,"邓"是中国人的姓,"稼"是邓稼先的名的首字,"先"是邓稼先的名的末字。

第二步　机器学习

机器学习的方法有很多种,比如可以采用HMM(隐马尔科夫模型)。将人工标注好的语料库交给HMM学习,HMM将调节内部的各种概率参数,使之与语料库匹配。完成学习后,HMM就可以用来分词了,而且也能完成对命名实体的识别。

4.5 词性标注

词法分析主要包括分词、命名实体的识别和词性标注,前面我们已经介绍了分词和命名实体的识别,这一节我们重点介绍词性标注的内容。

在完成了分词以后,我们就可以理解一个句子了吗?还不行!比如商场中的警示牌"小心地滑",如果"地"是一个名词,表示地面、地板的意思,那么"小心地滑"就是表示地面有点滑,走路注意安全,防止摔倒。但是如果"地"是一个助词,位于动词前面表示它前面的是状语,那么"小心地滑"表示的意思就是要小心地、慢慢地滑过去(图4-13)。

图4-13 "小心地滑"的理解示例

还比如这句话:"当年在鲁迅艺术学院,只有我跟他学过油画。"这里的"跟"如果是连词,就表示我和他一起学了油画,但是如果这里的"跟"是介词,表示的意思就是我向他学习了油画。

因此,计算机要正确理解自然语言,还必须知道每一个词的词性,只有知道了词性后才能更深入地理解。

我们在小学就知道了名词、形容词、动词和副词之间的差异。比如给出一个句子:"这是个非常有趣的博物馆。"我们能很快知道,这句话的词性标注结果应该是:这/代词,是/动词,个/量词,非常/副词,有趣/形容词,的/结构助词,博物馆/名词。但是计算机并不能像我们这样根据经验进行词性标注,那么计算机又是如何进行词性标注的呢?

让计算机学习词性标注当然要使用机器学习方法啦。

第一步　词性标注

首先,我们需要定义一些标注词性用的符号,然后用这些符号对语料库的每一个词进行人工标注。比较主流的有北大的词性标注集,其部分标注的词性如表4-2所示。

表4-2　词性标注示例

标记	词性	说明
a	形容词	取英语"形容词"的第一个字母。
c	连词	取英语"连词"的第一个字母。
d	副词	取英语"副词"的第2个字母,因其第一个字母已用于形容词。
j	简称略语	取汉字"简"的声母。
m	数词	取英语"数词"的第三个字母,n、u已有他用。
n	名词	取英语"名词"的第一个字母。
nr	人名	名词代码n和"人(ren)"的声母并在一起。
ns	地名	名词代码n和处所词代码s并在一起。

续表

标记	词性	说明
nt	机构团体	"团"的声母为t,名词代码n和t并在一起。
p	介词	取英语"介词"的第一个字母。
q	量词	取英语"量词"的第一个字母。
r	代词	取英语"代词"的第二个字母,因p已用于介词。
u	助词	取英语"助词"的第二个字母。
v	动词	取英语"动词"的第一个字母。
w	标点符号	
y	语气词	取汉字"语"的声母。
z	状态词	取汉字"状"的第一个字母。

比如,语料库中有这样一个句子:"把这篇报道编辑一下。"采用上面的标注集,可以得到标注结果如下:

把/p 这/r 篇/q 报道/n 编辑/v 一下/m

第二步　机器学习

同样可以采用隐马尔科夫模型(HMM)来进行机器学习。将人工标注好的语料库交给HMM学习,HMM在大量的语料库中计算每个词被标注为某个词性的概率,两个词性相邻的概率,HMM将根据这些数据调节内部的各种概率参数,使之与语料库匹配。

第三步　实战

以"希望的田野"为例,其分词结果为:希望/的/田野,但是这三个词的词性却不是唯一的,"希望"既可以是名词也可以是动词,"的"可以是副词、助词、介词、代词中的任何一种。"田野"既可以是名词也可以是代词。这样,组合起来,总共有16个不同的可能。

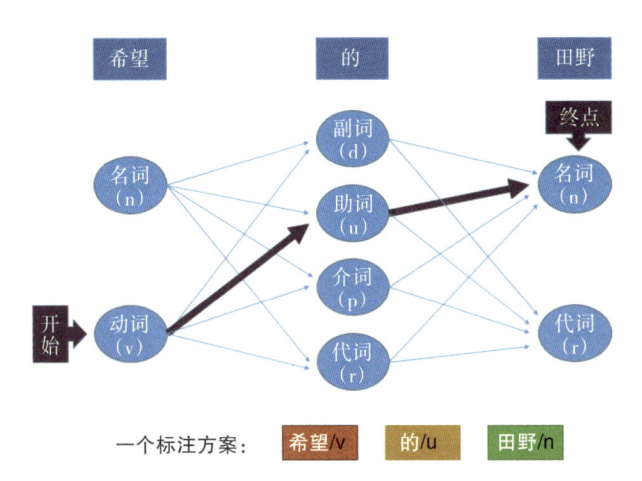

图4-14 "希望的田野"标注方案

比如，如图4-14中选出的一个标注方案"希望/v 的/u 田野/n"就是10多种可能中的一种。除此之外还有"希望/n 的/u 田野/n""希望/v 的/u 田野/n""希望/v 的/d 田野/n""希望/n 的/u 田野/n"等多种不同的标注方案。

计算机怎么才能识别出各个词汇的正确的词性呢？由于HMM通过学习，已经知道了"希望"被标注为动词的概率，"的"被标注为助词的概率，以及动词在前助词紧接其后的概率等信息，这样，HMM就可以计算出所有的可能中，哪种可能的概率最大，而概率最大的可能就是计算机给出的词性标注结果。

4.6 语法分析

现在计算机已经知道了一句话怎么分词,也知道了每个词的词性,那给计算机一句话它就能够理解这句话的意思吗?答案是否定的!对于计算机来说,自然语言就相当于一门计算机不懂的外语,就跟我们小时候学外语一样,先学习单个的字或者字母,再学习一个一个的词汇,然后学习短语,最后学习句子。我们在对句子进行语法分析时通常是根据已经掌握的语法知识来判断句子是否是合乎语法的,并分析句子的语法成分和这些成分之间的关系。

我们来举一个例子:"在抖音视频中,很多游客总是绘声绘色地展示出让人心驰神往的美丽的重庆夜景。"

这句话比较复杂,不太好理解。但是,我们按照老师教的语法分析方法,找出句子中的主、谓、宾等句子结构,就可以得到一个简单的句子"游客展示夜景",这就是这个句子的中心思想。如果我们要知道是哪里的夜景,看看夜景的定语,就知道是"重庆"的夜景。重庆的夜景好不好呢?我们再看前面的定语,就知道重庆夜景是美丽的。再继续分析,我们还可以得到这些信息:游客是在抖音中展示夜景的;游客是绘声绘色展示夜景的等。这样我们就对句子有了较为完整的理解。如果计算机没有掌握语法知识就分不清楚句子成分,那么上面的句子的意思就会千奇百怪了,比如,可以理解为

"重庆展示游客""游客在抖""美丽的游客"等奇怪的意思。

所以,词汇必须按照一定的语法结构组成为句子,才能表达一个相对完整的意思,或者说,计算机要理解一个句子的意思,必须要先掌握语法知识。

我们在初学语文时,常常写出一些病句,这些病句实际上就是不符合语法的句子,常常导致语序不当、搭配不当、成分残缺或赘余、结构混乱、表意不明、不合逻辑等,比如表4-3中的病句示例。

表4-3 病句示例

病句	类型	修正
如果趁现在不好好学习,期末考试肯定拿不到高分。	语序不当	如果不趁现在好好学习,期末考试肯定拿不到高分。
晚会上,我们听到了动听的歌声和优美的舞蹈。	搭配不当	晚会上,我们听到了动听的歌声,看到了优美的舞蹈。
过了一会儿,汽车突然慢慢地停了下来。	不合逻辑	过了一会儿,汽车突然停了下来。

从上面的例子可以看出,如果一个句子不符合语法规则,就会造成理解困难。怎么让计算机掌握语法知识呢?我们用一种常见的层次结构——树,来表示语法,我们称之为语法树。

生活中,我们常常用到"树"的结构,比如家族树、组织结构树等。在使用的时候,常常将"树"倒过来用,也就是树根朝上,如图4-15。

图4-15 家族树

在树的结构中,我们把图中的方框称为节点,把最高层的节点称为根节点,最底层的节点称为叶子节点,把一个节点上面相连的节点称为双亲节点,把节点下面相连的节点称为孩子节点,大家看这些称呼是不是跟家谱有点像啊。使用树结构有很多好处,比如,我们可以从根节点出发,找到一条通往一个叶子节点的路径,这个路径在家谱中,就称为一个直系,在组织结构树中,则是一个垂直的上下级关系。

语法分析的过程和结果我们也可以用一个树状图来表示。表示句子结构的树我们称之为语法树。通常情况下,我们会把一个句子分成主语、谓语、宾语、定语、状语等,比如"我爱人工智能"就可以分成如下的结构。(图4-16)

```
              句子
        ┌──────┼──────┐
       主语    谓语    宾语
        │      │      │
       代词    动词    名词
        │      │      │
        我     爱    人工智能
```

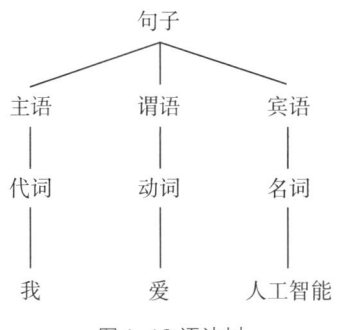

图 4-16 语法树

用语法树表示句子,能够很清晰地反映出语言中小单元组成大单元,大单元组成句子的递增层次结构,从而帮助人们理解句子的内容。

"我爱人工智能"的语法树展示了这样的语法结构信息:

(1)句子是主谓宾组成的。

(2)主语可以是代词,谓语可以是动词,宾语可以是名词。

在计算机中,上面的语法结构信息可以这样表示:

(1)句子→主语+谓语+宾语

(2)主语→代词

(3)谓语→动词

(4)宾语→名词

(5)代词→我

(6)动词→爱

(7)名词→人工智能

这种表示法称为语法规则。

整个句子是由主语、谓语和宾语构成,主语只包含了一个代词,也就是"我",而谓语由一个动词组成,这个动词就是"爱",宾语只包含了一个名词也就是"人工智能"。

计算机处理自然语言时,并不是完全按照语法来构造语法树的。为了方便语法树的展开和推导,进行了一定的变通。比较著名的中文语法树库有美国宾夕法尼亚大学树库、清华大学树库等。不同的树库有不同的标记集,以清华树库为例,其部分标记集如表4-4所示。

表4-4 清华树库示例

序号	标记代码	标记名称	序号	标记代码	标记名称
1	NP	名词短语	9	MBAR	数词准短语
2	TP	时间短语	10	MP	数量短语
3	SP	空间短语	11	DJ	单句句型
4	VP	动词短语	12	FJ	复句句型
5	AP	形容词短语	13	ZJ	整句
6	BP	区别词短语	14	JP	句群
7	DP	副词短语	15	DLC	独立成分
8	PP	介词短语	16	YJ	直接引语

有了这些标记,就可以建立语法规则了,比如:

1.S→NP VP 2.NP→NR 3.NP→NN
4.VP→VV AS NP 5.VP→VP NP

第一条语法规则的意思是:一个句子(S)是由名词短语(NP)和动词短语(VP)构成的,以此类推。

如果使用如上的标记集和语法规则,那么"我爱人工智能"的语法树就如图4-17所示。

使用语法树,可以让计算机判断一个句子是否符合语法,如果我们从S出

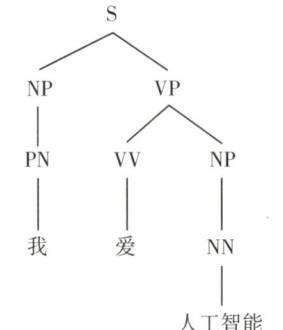

图4-17 语法树示例

发，生成了一个包含该句子的语法树，则说明该句子符合语法规则，那么我们就有了理解一个句子的基础，比如我们可以提炼出一个复杂句子的主谓宾等句子成分，从而理解句子的基本含义。一个不能成功进行语法分析的句子是不能用语法树表示的。

我们还可以通过语法树，让计算机自己生成有意义的句子。比如，图4-17的语法树，已知"我"是代词，"爱"是动词，"人工智能"是名词，那么计算机还可以据此自己推导出"他是学生"这个句子。把这个语法树升级一下，计算机还可以推导出"他是一个好学生"这个句子。(图4-18)

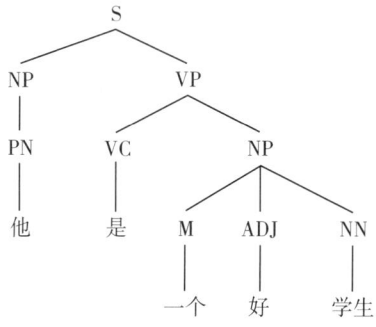

```
            S
          /   \
        NP     VP
        |    / | \
        PN  VC  NP
        |   |  / | \
        他  是 M ADJ NN
              |  |  |
              一个 好 学生
```

图4-18 语法树推导句子

语法树还可以用来做句子结构转换，比如我们分析出了一个中文句子的语法树，就可以用英语对应的语法树，生成这个中文句子对应的英文句子。

我们知道了什么是语法树，又知道了这些标记符号代表的意思，那么如何从语法树的树根出发，构造一个语法树，从而确定一个句子的结构呢？

自上而下的分析方法是语法分析过程中比较常用的方法。它相当于就是从符号S开始，按照规则进行展开，展开过程中如果同时有多种展开方式，那么取前一种展开方式，后一种方式备选，同时注意与目标词语进行顺序匹配。如果所有词语匹配成功且没有需要展开的符号，则分析成功，否则选择备选展开方式重新展开。如果备选状态都尝试过后依旧没有匹配成功或者还有剩余需要展开的符号，则分析失败。

举一个简单的例子，"张三参加了会议"这句话的分析过程是怎么样的呢？

首先，"张三参加了会议"通过分词得到的分词结果为：张三 参加 了 会议；最后进行词性标注：张三/NR 参加/VV 了/AS 会议/NN。

"张三参加了会议"这句话的语法树构造过程如图4-19所示。

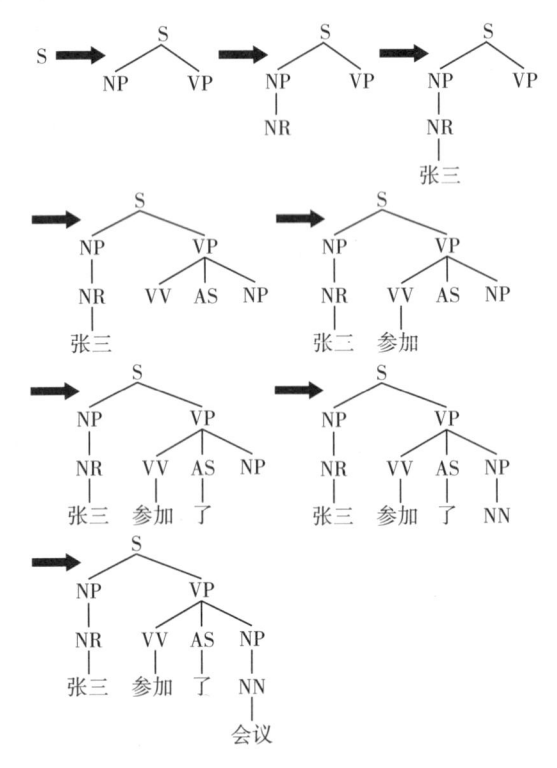

图4-19 语法树构造过程

你有没有想过一个问题,分析一句话,如果我们得到的语法树有多棵怎么办?这个就是语言的歧义问题,对于存在歧义的句子,就存在不同的解释。正如前面介绍的那样,自然语句存在歧义问题,有时候人类自己在理解自然语言时都不可避免地产生歧义,更不要说计算机了。不过,在以概率的形式加入上下文的信息后,可以在一定程度上解决歧义问题,具体的做法我们就不再详细介绍。

语法分析的方法还有很多,这里只介绍了一些简单的方法,有兴趣的读者可以自行查阅资料了解更多的语法分析方面的内容。

4.7 语义分析

事实上,经过语法分析后的语言离计算机能懂的机器语言还差很远。因此,还需要将语言转换成计算机能够解析的逻辑形式,这样计算机才能对输入的语言进行响应,这个过程就是语义分析。(图4-20)

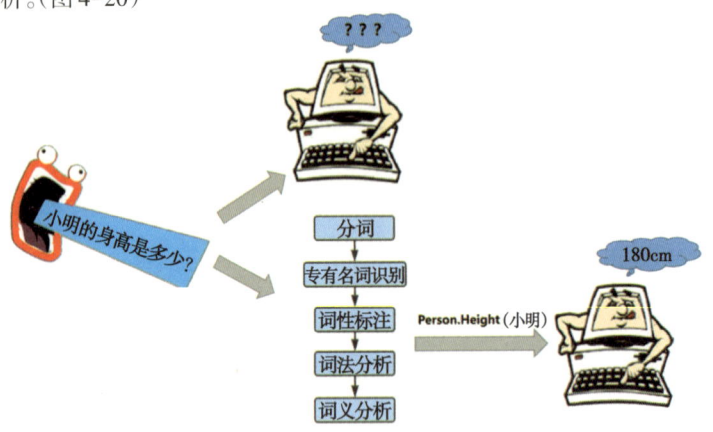

图4-20 语义分析过程

但是,太多的句子是没办法表示成逻辑表达式的,并且不同的句式有不同的表达式,逻辑表达式只能运用在特定的场景。生成这样的逻辑表达式的方法有很多,我们这里简单介绍一下基于模板的方法。通常在特定场景下,我们可以预先设定一些句式模板,比如"'PERSON'的身高"就可以与句子"小明的身高是多少"匹配,然后得到一个表达式"Person.Height(小明)",这样计算机就能通过这样的表达式,在数据库或者知识库中寻找相关的信息了。

说到这里,我们不得不提一下知识库,知识库是由规则、数据以及事实等构成的一个集合。知识库的建设非常重要,同时也非常困难,人类的知识不断增长,使得知识库的建立难上加难。知识一般分为无结构化知识和结构化知识,比如:"为什么会打雷?下雨时,天上的云层有的带正电荷,有的带负电荷。当这两种云层碰到一起时,就会发出闪电,同时释放出大量的热量,使周围的空气受热膨胀。瞬间被加热膨胀的空气会推挤周围的空气,引发出强烈的爆炸式震动,这就是雷声。"这样的知识就是无结构化知识,不容易表示。结构化知识就比较容易表示了,如"张三是李四的妻子"就可以表示为一个三元组[张三,妻子,李四],再如"小明的身高是180cm"就能表示为[小明,身高,180cm],获得更多的结构化知识就能形成一个知识图谱。(图4-21)

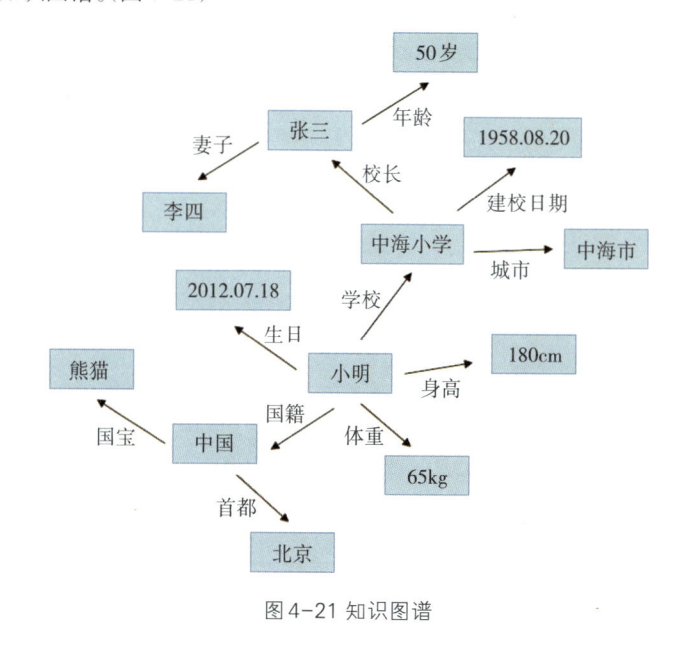

图4-21 知识图谱

事实上,这个知识图谱是可以无限扩展下去的,它会形成一个无限大的网,而我们就是通过无限扩展的关系对,不断迭代,得到这样的知识图谱的。

这样,计算机通过语义分析获得信息,再与知识库中的信息匹配,就能将需要的信息反馈给我们。

对于一些句子,如:"清华大学录取了这名考生。""这名考生被清华大学录取了。""清华大学把这名考生录取了。""这名考生清华大学录取了。"这些句子的结构不相同,但是它们表达的语义却是一样的,计算机能不能用某种表示方式将这种结构不同但是表达的语义相同的句子统一表示出来呢?当然可以!

计算机可以通过语法分析的结果,寻找句子的谓词,以及与谓词相关的名词,分析这些名词与谓词之间的关系以及它们在句子中扮演什么样的角色。这就提出了一个新的概念:语义角色,就像不同的人在不同的场景中扮演着不同的角色一样,句子中的名词也扮演了不同的角色,它们既可以作为主体,也可以作为句子的背景存在。

汉语中核心语义角色如表4-5所示。

表4-5 语义角色表

语义角色	含义
施事	动作的主动发出者,决定了事件的状态。
受事	动作的承受者,经历了事件的变化。
系事	系动词连接的对象。
与事	动作的间接承受者。

比如:"大家都跑出了教室。"这句话中"大家"作为"跑出"的发出者,扮演的语义角色就是施事。"张三打破了窗户。"这句话中"窗

户"作为"打破"的承受者,扮演的语义角色是受事。"你们是大学生。"这句话中"是"是系动词,"你们"是系动词连接的对象,扮演了系事的语义角色。"李四送我一本书。"这句话中"我"作为"送"的承受者,扮演了受事的语义角色。

  这样,"清华大学录取了这名考生。""这名考生被清华大学录取了。""清华大学把这名考生录取了。""这名考生清华大学录取了。"从这四句话中提取出句子中的核心词,赋予它们相应的语义角色就得到如下的结果。

"清华大学录取了这名考生"
"这名考生被清华大学录取了"　　→　　谓词:录取
"清华大学把这名考生录取了"　　　　　施事:清华大学
"这名考生清华大学录取了"　　　　　　受事:这名考生

  然后计算机就可以用某种数据存储方式将这样的信息存储起来,以供后续使用。这里就不详细介绍语义角色标注的方法了,有兴趣的读者可以自己学习了解更多相关的内容。

4.8 语用分析

至此,我们已经能够分析语言并从中获取信息,那我们如何将自然语言理解应用到具体的情景中呢?接下来我们就以机器翻译和对话系统为例,介绍一下自然语言理解如何应用到具体的情景中。

机器翻译不同于人工翻译,其目的是利用计算机把一种自然语言翻译成为另一种自然语言。翻译前的语言通常被称为"源语言",翻译后的语言通常被称为"目标语言"。互联网越来越普及,人们可以轻而易举地获得各种语言的信息,为了能让使用不同语言的人交流无障碍,迫切需要一个能够进行语言翻译的系统。

经过多年研究,学术界为解决机器翻译问题提出了多种策略和方法,这里主要介绍一下基于规则的机器翻译,图4-22就是一种基于规则的机器翻译。

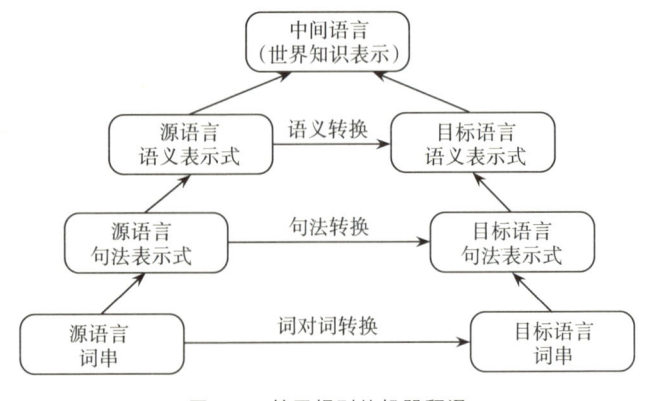

图4-22 基于规则的机器翻译

直接的词对词的翻译、基于转换的翻译以及基于中间语言的翻译都可以归入基于规则的翻译方法,这些方法对目标语言的分析深度不同。直接的词对词的翻译不进行任何分析,只是将源语言视为一个词序列翻译成目标语言词序列。(图4-23)

```
我      有      一个     苹果
↓       ↓       ↓       ↓
I      have     an     apple
```

图4-23 直接词对词翻译示例

但是不同语言的词汇并不都是一对一的对应关系,一种语言中的一个词往往和另一种语言的多个词相对应,并且不同语言的词序也存在很大的差异,仅靠词对词的翻译,目标语言的词序很难确定。(图4-24)

```
读      我      昨天      提到       的       那本
↓       ↓       ↓         ↓         ↓        ↓
read    I     yesterday  mention    of       that

书      将      对       你       有       帮助
↓       ↓      ↓        ↓        ↓        ↓
book   will    to       you      have     help
```

图4-24 直接词对词翻译失败示例

虽然光看英文我们也许可以获得一定的信息,但是它的词序并不符合目标语言的词序。因此在这个基础上我们可以继续分析句子的句法结构,以获得目标语言的句法结构,通过目标语言的句法结构得到译词合理的排列顺序。同样的,一个句法合理的句子并不一定是一个有意义的句子,要翻译得更好可能还需要进行语义分析等。在这种情况下,翻译的结果仍然可能受限于源语言的结构,因此要想译文不受源语言的影响,就需要将翻译对象转换成一种独立于任何语言的中间语言。

基于规则的机器翻译的过程大致就是这样,接下来我们来看看对话系统又是怎样做的呢?

近几年对话系统备受关注,在日常生活中也十分常见。对话是最方便自然的交流方式,一个好的对话系统可以提高解决问题的效率,同时还能够带给用户很好的操作体验。对话系统对于我们来说其实并不陌生,日常生活中我们已经接触到很多对话产品了。

以问答型的对话系统为例,这种系统通常是你提出一个问题,然后系统回答你的问题,它们更多的是解决知识型的问题,比如你问它"中国的首都在哪里?",它会回答"北京"。

如果你对Siri说:"今天天气怎样?"它也会根据你的问题做出相应的回答。(图4-25)

图4-25 Siri的回答

问答系统的另一个应用就是客服系统,我们在各大电商网站询问客服的时候就很可能是机器在回答你的问题而不是人工客服。机器会回答一些经常被询问的信息,比如发什么快递等,通过这样的方式可以提高客服人员的效率。(图4-26)

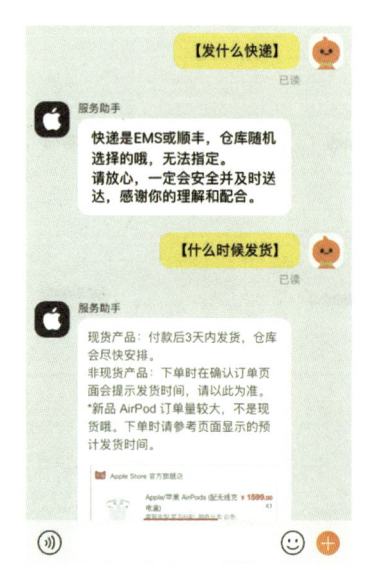

图4-26 客服机器人

机器问答系统是通过什么样的方法得到我们提出问题的答案的呢?

一般情况下,可以像本章讲的那样,首先对语句进行分词、词性标注、语法分析、语义分析等,从而得到语句的逻辑表达式,然后根据逻辑表达式在知识库中推理查询得到答案。这种方法是基于语义分析的方法,重点就在于语义分析。

还有一种方法是基于信息抽取的方法,这种方法首先对问题抽取关键词、关系词、焦点词以及问题的各种分类信息,然后从海量文档中检索出可能包含问题答案的文档片段,再在证据库中找到相关

的证据支持,最后通过各种模型对结果进行排序得到最合适的答案。(图4-27)

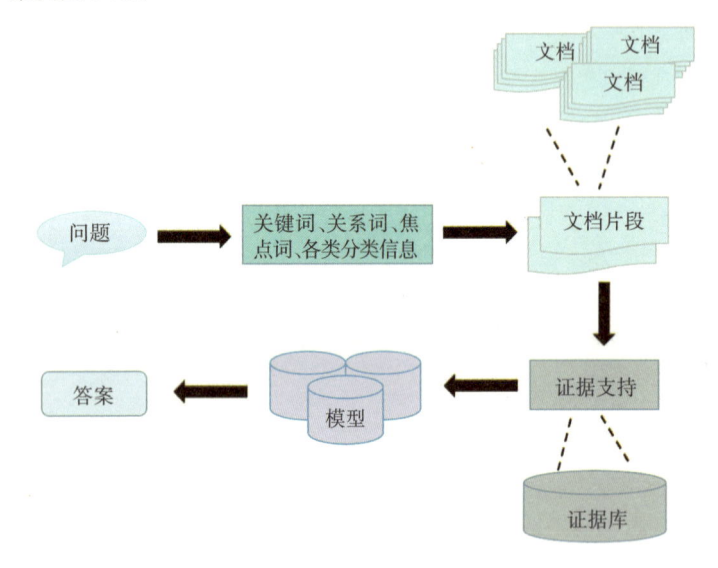

图4-27 问答系统的一种解决方案

当然还有很多其他的方法,这里就不一一介绍了。

自然语言理解的应用远不止机器翻译和对话系统,有兴趣的读者可以自行查阅资料了解其他的应用。

人脸识别

第五章 计算机学说人类语言

前面我们介绍了在自然语言处理中,计算机如何听懂人类所说的话和计算机如何正确理解人类所说的话。在此基础上,为使计算机能更好地与人类进行交流和沟通,本章要讨论的是如何让计算机学说人类语言。本书中,我们将这一过程简称为计算机语音合成过程,其中该过程还包括语音识别(该内容本书前面内容已进行讲解,这里将不再进行详细描述)。

计算机学说人类语言的过程是计算机语音合成与语音识别相结合的过程,该过程根据人们说话时不同的发音具有特定频率的特点,把每个字相应的频率都输入计算机中,计算机再利用自然语言处理的方法按照人类说的话中每个字对应的频率进行发声,这样计算机就可以模仿人说话了。

5.1 引言

计算机要想模仿人类说话,就必须要拥有一个"人工嘴巴",这样它才能和人类一样具备"说话"的功能,也才能学会说人类的语言。对于计算机而言,这里所说的"人工嘴巴"即给计算机配上声卡和语音合成系统,其中在语音合成系统中用到的技术主要是文语转换(简称TTS)技术,关于TTS技术讲解,详见本章后续内容。

在机场我们常常听到这样的声音:"您好,乘坐××次航班由××前往××的旅客请注意,您乘坐的飞机很快就要起飞了,请您带好行李物品从11号登机口登机。"过一会儿,这个声音又会更换航班信息、出发和到达地点以及登机口等信息再次进行播放。此时,我们可能会在想,这是哪个播音员在说话呢?也可能会想一天、一个月甚至一年下来,要将类似的一句话进行无数次播送,播音员会不会嫌麻烦呢?其实这些声音并不需要播音员每天重复进行播送,相反这些声音是计算机通过自然语言处理中的语音合成技术产生并进行播送的。我们只需要由操作员输入一段文字,计算机就可以根据这段文字信息中的每一个字所具有的特定频率将其转换为人类的说话声,当要报送不同航班信息时,只需更换相应的航班信息就可以了,如果需要对其声音进行男女切换,则只需在语音库中选择所需语音即可。

在最初的语音合成技术中,计算机学人类说话时,必须把预先录制的一段话一字一句地读出来,但是这样的方式听起来非常枯燥且非常机械,就像是一个刚刚学会说话的小孩一样;并且利用这样的方式去学人类说话时,计算机能说的单词数目被限制在预先录制的声音记录中,这样会导致计算机会说的话受到限制、灵活度降低。

随着人工智能技术的飞速发展以及人类对自然语言处理技术的不断提高,人们发现要让计算机像人类一样说话,就必须让计算机懂人类语言的构成。而汉语的发音是由声母和韵母构成的,也就是说,要计算机像人类一样说汉语,计算机就必须"学学"拼音,只有让计算机懂人类语言的构成,才能让计算机在学人类说话时,能够正确处理每一个字和单词之间的微妙联系,以及正确处理语言的音调变化，进而让计算机在说话时，说起来不仅"字正腔圆"，还变得"富有情感"。

因此，要让计算机真正像人类一样富有情感地说话，我们还需要另辟蹊径，不断去探索语音合成技术。只有深入探索语音合成背后的秘密，才能得到语音合成的正确方法，也才能让计算机真正学会说人类语言。

5.2 从Siri学人类说话谈起

如何让计算机像人一样说话,我们从Siri学人说话谈起。图5-1是我们与Siri的谈话内容。

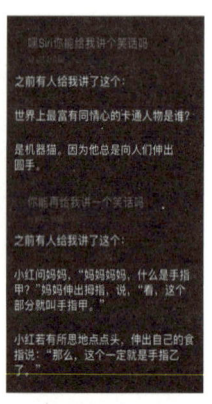

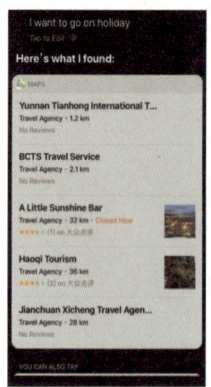

图5-1 和Siri谈话

从图5-1可以看到当我们向Siri提出问题后，Siri会找出相应的答案进行回答，并且可以看到当我们说中文的时候，Siri会给出中文答案；当我们说英语时，Siri也会给出相应的英文答案。在实际应用中，Siri还可以说粤语、韩语、日语、泰语等，这里我们不再一一展示。在与Siri的实际交谈中，我们不仅可以看到Siri给出的回答，而且还可以听到Siri通过说话的方式向我们叙说问题的答案。可以看出，Siri已经可以像人一样正常说出需要的语言了。

这让我们想到了之前的ELIZA聊天机器人，ELIZA聊天机器人是一个能说人类语言且能和人类进行交流的机器人。人在和ELIZA机器人聊天时会感觉仿佛和真人聊天一样。现在，当我们问Siri，谁是ELIZA时。Siri回答说："她是我的朋友，是个优秀的精神治疗师，但她已经退休了。"

根据上述对Siri能说人类语言的描述，我们会发现，Siri学说人类语言其实就是语音合成技术中的一个应用。然而，Siri学说人类语言的过程并没有我们想象的那么简单。

Siri在说人类语言时，其中用到的语音合成技术为文语转换，简称TTS技术。在该过程中如何为Siri建立一个高质量的TTS系统，同时如何让Siri体现其声音个性是语音合成技术的重点。为解决上述问题，首先必须找到专业的播音人员，因为专业播音人员声音更加悦耳。其次，需要进行录音，该过程大概需要在录音棚中记录10—20小时甚至更长的语音，录制的脚本从音频簿到导航指导，从提示答案到笑话，不一而足。再次，TTS系统需要把记录的语音进行切片，即切片为基础元件，比如半音素。最后，根据输入文本把它们进行重新组合，该组合过程需要考虑语音的一个清晰度、可听懂度、语音的连贯性等因素，只有考虑了这些因素，最终合成的语音才是符合需求的、完整的、高质量的、全新的语音。但是在实际生活中，选择合适的音素并组合起来并非易事，因为每个音素的声学特征是由相邻的音素、语音的韵律所决定的，这通常使得语音单元之间并不相容。

实际上，要让计算机学说人类语言，都需要像Siri一样，经过语音识别和语音合成的过程。要让计算机学会说人类语言，首先需要从识字开始，包括对单词、短语、语法、阅读理解的学习，其次，转化为人类能听懂的语言，最后，将要表达的语言转换为语音进行输出，从而与人类进行交流和沟通。

5.3 文语转换

上述介绍的Siri学说人类语言中主要用到了文语转换技术。其本质上解决的是"从文本转化为语音的问题"。

利用该过程让计算机实现说人类语言其实并不容易,因此,研究者将计算机学说人类语言的过程分为前端和后端。(图5-2)

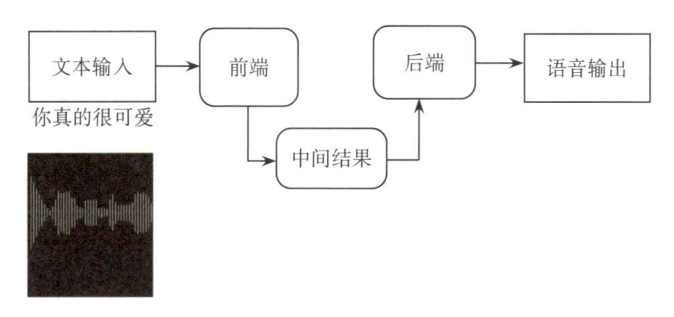

图5-2 文语转换的前端与后端

在该过程中,前端主要负责把输入的文本转化为一个中间结果,然后把这个中间结果反馈给后端,由后端经过加工形成相应的声音。

其中前端把输入的文本转化成的中间结果就像是我们小时候在认字之前需要先学习拼音,只有认识了拼音,我们才能用它去拼读我们不认识的字。不过,光有拼音还不行,因为我们要说的不是一个字,而是一句一句的话。同时,如果我们说话的时候不能正确使用抑扬顿挫的语调来控制自己说话的节奏,就会让他人听着不舒服,甚至误解我们想要传达的意思。因此,在TTS技术中前端还需要加上这种抑扬顿挫的语调信息来告诉后端怎么正确去"说话"。这里,我们将这种抑扬顿挫的语调信息称之为韵律。韵律在我们小时候学习语文的过程中就学习过,比如诗词中的平仄格式和押韵规则,所以说韵律是一个非常综合的信息。在TTS技术中,为简化问题,韵律又被分解成了如停顿、重读等信息。停顿就是告诉后端在说话时应该怎么停,在什么位置停。重读就是在说话的时候应该着重强调哪一部分。将上述的所有信息综合到一起,我们可将其概括为"语言规格书"。图5-3描述的是前端通过生成"语言规格书"来告诉后端想要合成什么样内容的过程。

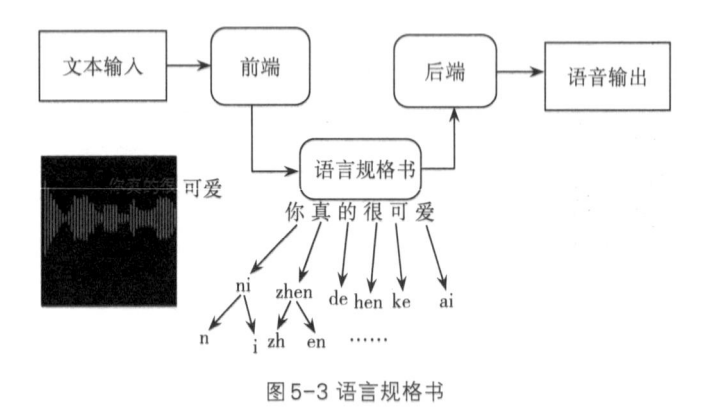

图5-3 语言规格书

但在实际的应用中,为了让计算机能正确地说人类语言,"语言规格书"比上述描述的要复杂得多,图5-4描述的就是一个典型的前端处理流程。

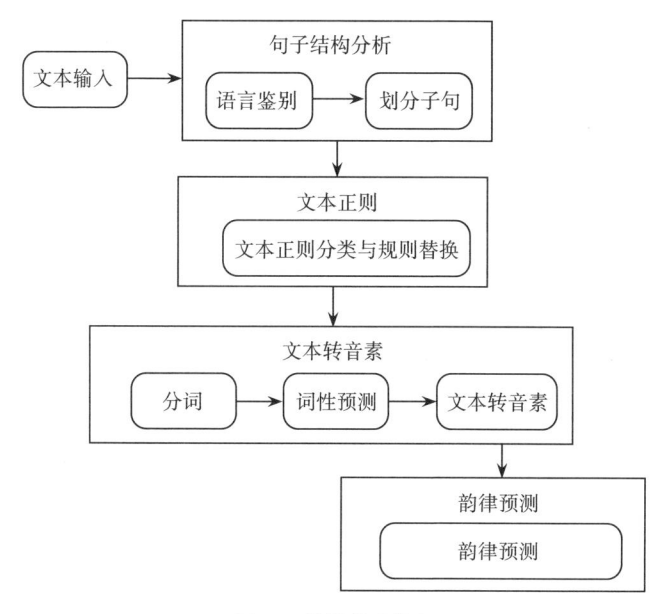

```
┌──────────┐      ┌─ 句子结构分析 ──────────┐
│ 文本输入 │─────▶│ ┌────────┐   ┌────────┐ │
└──────────┘      │ │语言鉴别│──▶│划分子句│ │
                  │ └────────┘   └────────┘ │
                  └─────────────┬───────────┘
                                ▼
                  ┌─ 文本正则 ──────────────┐
                  │  文本正则分类与规则替换 │
                  └─────────────┬───────────┘
                                ▼
                  ┌─ 文本转音素 ────────────────────┐
                  │ ┌──────┐  ┌────────┐  ┌────────┐│
                  │ │ 分词 │─▶│词性预测│─▶│文本转音素││
                  │ └──────┘  └────────┘  └────────┘│
                  └─────────────┬───────────────────┘
                                ▼
                         ┌─ 韵律预测 ─┐
                         │  韵律预测  │
                         └────────────┘
```

图 5-4 前端处理流程

通过上述对前端系统的描述,我们已经让计算机学会了拼音。接下来,重点就是如何让计算机说话(发音),这就是后端要实现的功能。

后端要让计算机说话(发音),主要是根据前端生成的"语言规格书"来生成符合该规格书里描述的声音。

我们都知道,计算机是不能凭空生成一个声音的。首先需要录音,然后用录音得到的音频数据来做后端的基础信息。目前主流的后端技术主要有基于波形拼接的方法和基于参数生成的方法。

(1)基于波形拼接的方法

基于波形拼接的方法就是把事先录制好的音频存储在电脑上,当我们要合成声音的时候,就可根据前端开出的"语言规格书",在这些音频里去寻找那些最适合该规格书的音频片段,然后把片段一个一个拼接起来形成最终的合成语音。

比如：如果想合成一句话"你真的很可爱"，我们就会在语音库里去搜索"你、真、的、很、可、爱"这6个字的音频片段，然后把这6个音频片段拼凑在一块。(图5-5)

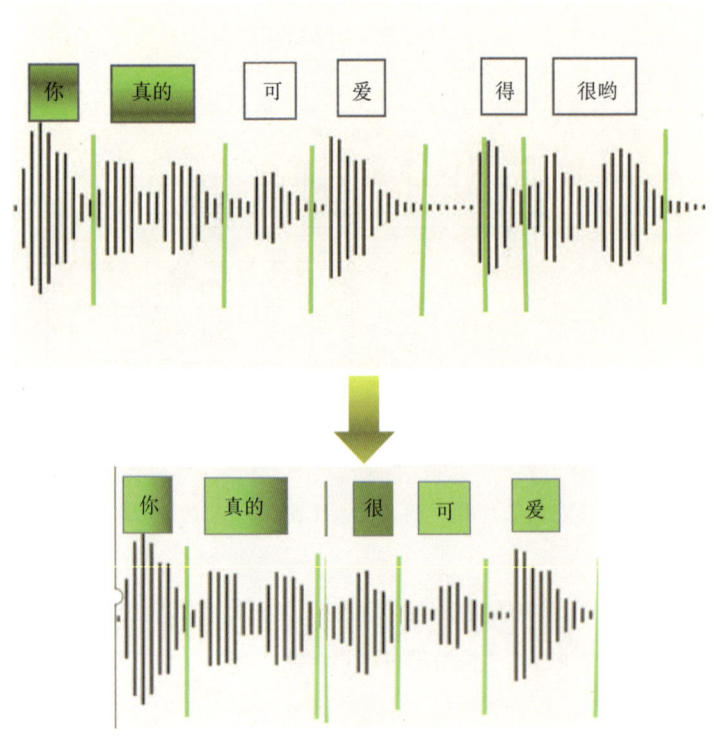

图5-5 波形拼接

当然，现实生活中的语音拼接并没有描述的那么简单，还需要对拼接单元的粒度进行选择，然后在此基础上再对拼接代价函数等进行设计等。

（2）基于参数生成的方法

基于参数生成的方法就是直接使用数学的方法，首先对音频中最明显的语音特征进行总结,然后使用学习算法去学习如何把前端语言规格书映射到这些音频中。该方法合成的语音质量要比基于波形拼接法合成的语音质量差,因为基于参数生成的方法受到学习算法的限制,导致在合成语音的过程中会有损失。

5.4 符号语言

正如前面介绍的,Siri能说人类语言,能正常和人类进行交流和沟通,主要是Siri和人类都掌握了一种"通用语言",也称为符号语言。

人们发现,在用某种外语交流的过程中,很多人是将这种外语转换为本族语来理解的,之后再将想说的本族语翻译为外语说出来,可想而知这样的交流过程其效率是非常低的。我们来看图5-6,图中标识是我们日常生活中最常见的图标。当看到该图标时,无论是中国人还是外国人都能明白其表示的意思是什么,这是因为该图标显示的就是我们人类都能懂的"通用语言",我们也称为"符号语言"。"符号语言"在我们日常生活中是非常常见的,因为"符号语言"是一种通俗易懂的语言,无论在什么地方,只要用"符号语言"进行表示,无论是中国人还是外国人,只要一看到用"符号语言"表示

图5-6 符号语言的例子

的图标就能大概知道其表示的意思是什么。

同学们是否还记得以前学过的鸡兔同笼问题?(图5-7)

图5-7 鸡兔同笼问题示意图

当我们在解决鸡兔同笼问题时,我们会假设有 x 只鸡,y 只兔子,再根据一共有几个脑袋、几条腿这样的条件列出一个二元一次方程组来进行求解。该过程实际就是将现实问题转化为符号语言的过程。如果不用这种方式,我们掰着手指头可能算上很久也得不到正确答案。相反,如果我们想用计算机来解决这样的问题,就必须让计算机对问题进行信息转换,毕竟在计算机的思维中根本不知道什么是鸡、什么是兔子,也不知道这些东西究竟有几个脑袋几条腿,同时计算机都是基于二进制数进行计算的。所以说无论是人还是计算机要对问题进行求解,都必须掌握一种"通用语言",只有掌握了"通用语言"两者之间才能更好地去解决问题,才能在解决问题的过程中更好地进行交流。同样,计算机也只有掌握了"通用语言"才能帮助人类解决问题,才能和人进行正常、快速地交流。

5.5 对话系统

掌握符号语言后,结合语音合成技术,计算机就能简单地学说人类语言。计算机学说人类语言的系统可将其概述为对话系统,而对话系统的构成如图5-8所示。

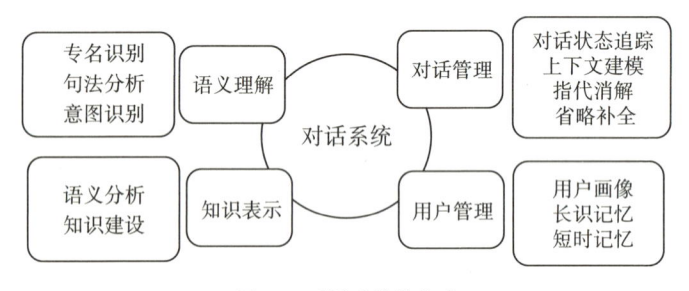

图5-8 对话系统的构成

从任务类型来划分,对话系统主要有问答型、任务型和闲聊型。我们主要对计算机学说人类语言时建立的对话系统中的问答型、闲聊型的工作原理进行介绍,关于任务型的工作原理,感兴趣的读者可自行查阅资料进行了解。

问答型对话系统就是当人向计算机提出问题后,计算机会根据提出的问题进行回答。例如,当我们问机器人中国的直辖市有哪些时,机器人会回答:"北京、上海、天津、重庆。"那么在这个回答过程中,机器人其实是需要从知识库中去寻找答案或者根据问题到搜索引擎上去检索答案然后回答的,而这就是对话系统中的问答型对话系统。在我们日常生活中,这种问答型的对话系统已经十分常见,例如我们去银行办理业务时,门口的机器人与我们的对话就是一个问答型对话系统在工作。(图5-9)

图5-9 银行的问答对话系统

图5-9展示的银行机器人就是现在比较普遍的计算机学说人类语言的一个实例。当我们问:"怎么办理一张银行卡?"机器人会告诉我们怎么一步一步地去办理银行卡;当我们问:"怎么注销本人银行卡?"机器人同样会告诉我们操作步骤。可以看出,银行机器人与人建立的对话系统就是一个对话问答型系统。

人与计算机进行交流时,如果两者之间没有明确限定的聊天内容,那么计算机说的话会让人感觉更加亲切、更加有意思。

在20世纪60年代,曾推出过一个能让计算机学说人类语言的聊天机器人ELIZA,该聊天机器人用到的方法为规则方法,主要是先用计算机语言编写一个模板,然后回复一个或多个相应的语句模式,我们以一个简单的实例进行演示。

(? X are you ? Y)

(Would you prefer it if I weren't ? Y)

((? * ? X)I want(? * ? Y))

(You really want ? Y)

(Why do you want ? Y)

当人类说"I want to play basketball.",该机器人就会回复"Why do you want to play basketball?"或者回复"You really want to play basketball?"

对话系统中利用规则设置的方法让计算机与人对话的过程中,我们会发现与我们对话的机器人就像是一个真实的人。

5.6 深度混合密度模型

本书已经介绍了计算机语音识别中常用的GMM+HMM方法，因此本节不再具体描述语音识别方法，而是重点阐述Siri学说人类语言时采用的语音合成技术中常用的深度混合密度模型（DMDN）。

HMM模型是针对声学模型参数的分布直接建模，该模型通常用于对目标预测的统计建模。但是，通过Siri学说人类语言的实例，我们发现基于深度学习的方法通常在参数化的语音合成中更加出色。Siri在学说人类语言的过程中，用到的TTS技术是基于一个深度学习的统一模型——深度混合密度模型，简称DMDN，该模型用于预测特征值上的分布。DMDN结合了传统的深度神经网络（简称DNN）和高斯混合模型（简称GMM）。

传统的DNN是人工神经网络，在输入和输出层之间具有多个隐藏的神经元层。因此，DNN可以模拟输入和输出特征之间的复杂的非线性关系。通过使用反向传播调整网络的权重来训练DNN。相反，GMM使用一组高斯分布对给定输入数据相对应的输出数据的概率分布进行建模，并且通常使用期望最大化方法（简称EM）来训练。而DMDN则结合了DNN和GMM的优点。

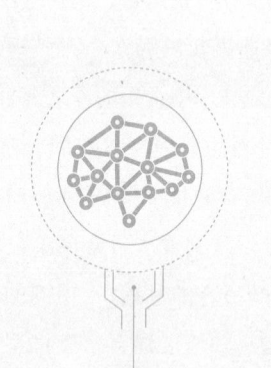

第六章

计算机翻译及写作

本书前面章节分别就计算机是如何理解、如何听懂、如何说人类语言进行了介绍，且在每个章节中重点介绍了人工智能中的自然语言处理（简称NLP）技术，在计算机如何理解、如何听懂、如何说人类语言的过程中使用到的具体方法和涉及的相关概念。

随着NLP技术的飞速发展，在计算机能理解、能听懂到能说人类语言的基础上，让计算机翻译及写作的需求变得十分迫切。

目前，计算机翻译与写作是NLP技术中热门的研究方向。计算机翻译与写作简单理解就是让计算机将一种语言转换为另一种语言的过程或者是辅助人类进行写作的过程。在该过程中，计算机语言和人类语言之间相互依赖、相互渗透，但两者之间也存在着一定的差异，因此，本章我们将对两者之间的联系和差异进行介绍，同时对我们生活中已有的计算机用人类语言写作的相关应用进行描述。

6.1 引言

计算机编程语言，简称计算机语言，经历了漫长的发展历程，在发展过程中也借鉴了人类语言的一些成分。同时，计算机从最初的能听懂人类语言到逐渐能够理解人类语言，再到会说人类语言，直到会写人类语言。可以说，计算机翻译与写作的发展过程就是计算机语言通过借鉴人类语言发展、进步的过程。

6.2 计算机语言与人类语言的差异

计算机语言和人类语言两者在理论上来说都是交流的媒介,只不过是两者交流的对象不同而已。计算机语言和人类语言虽然都被称为语言,但是两者还是存在一定的差异。

1. 直观概念上的不同

两者不是同一种语言,如图6-1就直观展示了两种语言的差异。

图6-1 计算机语言与人类语言

2. 发展方式的不同

计算机语言是为满足计算机编程的要求而产生的,计算机语言是一种科学技术,具有严格的数学规范。而人类语言是为了满足人们日常生活中的沟通交流而产生的,不存在严格的数学规范。

3.情感色彩不同

计算机语言本质上是由人设定好的一系列命令,不具有感情色彩。而人类是根据自己的情感去进行语言表达的,即语言承载着人的感情。图6-2展示了生活中比较常见的机器人。当我们想要机器人为我们服务时,我们必须对它发出指令,它才能为我们服务,而不会主动去做什么事。而当我们感觉到无聊,让机器人与我们进行交谈时,我们会发现在交谈过程中它不是充满乐趣、充满情感的,这是因为机器人在交谈过程中说的话是从语料库中搜寻出来的,而这些语料库是由程序预先对机器人进行训练产生的,本质上还是在执行一系列的指令。

图6-2 人与机器人交流

6.3 机器翻译

机器翻译,简称MT,是相对于人工翻译而言的,其工作原理是利用计算机将文本从一种自然语言(即"源语言")翻译为另外一种自然语言(即"目标语言")的过程。

机器翻译依据语言媒介的不同可以分为文本机器翻译和语音机器翻译。本书前面部分介绍计算机学说人类语言的应用就属于语音机器翻译。如果对机器翻译系统继续进行划分,还可划分为规则式机器翻译系统、知识库式机器翻译系统、统计式机器翻译系统、范例式机器翻译系统等。本书将对其中几种进行介绍,其余的机器翻译系统读者可自行查阅相关资料进行了解。

1. 规则式机器翻译系统

规则式机器翻译系统的工作原理是基于一个假设,即无限的句子可以由有限的规则推导出来,也可描述为先依据语言规则对文本进行分析,再借助计算机程序进行翻译。该方法又可分为直接翻译法、转换法、中间语言法等方法。

从字面上理解,直接翻译法就是对句子直接进行翻译,但是该翻译过程并没有那么简单,还需要通过对句子进行一些词性变换、专业词变换等操作进行修饰,流程如图6-3所示。

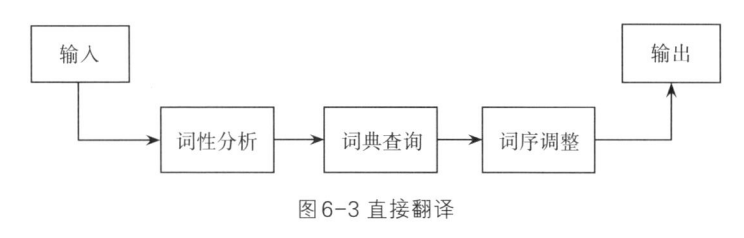

```
输入 → 词性分析 → 词典查询 → 词序调整 → 输出
```

图6-3 直接翻译

直接翻译法很容易因为文化背景的不同导致翻译出现错误,该方法翻译效果比较差。

转换法的翻译过程不像直接翻译法那样对句子进行直接翻译,它在翻译过程中不仅要考虑单个词的含义,还要考虑短语的级别。比如,"You are a lucky dog"可能最初会被翻译为"你是只幸运狗",但是考虑短语的级别后,程序会调整其含义为"你是个幸运儿"。

中间语言法翻译时则需要通过一个中间语言作为媒介进行翻译。

2.统计式机器翻译系统

统计式机器翻译系统的基本思想是把机器翻译看作是一个噪声信道问题,然后用信道模型对其进行解码,如图6-4所示为其工作流程。

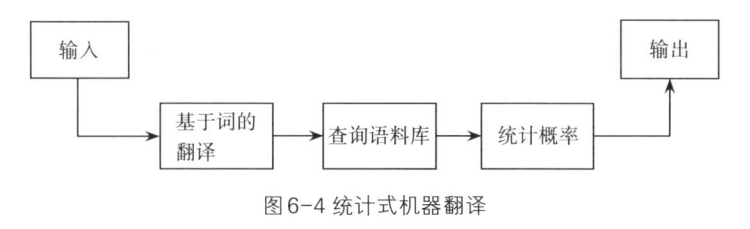

```
输入 → 基于词的翻译 → 查询语料库 → 统计概率 → 输出
```

图6-4 统计式机器翻译

如对一个英语句子"You are a lucky dog."进行翻译,则首先根据每个词或短语罗列出可能的翻译结果。(图6-5)

```
         You are a lucky dog
```

图6-5 统计式机器翻译示例

这样一个简单的句子可能会翻译出很多个意思,这个时候就需要一个语料库,这个语料库会提供每一种翻译结果出现的概率,然后选择概率最大的结果作为最终翻译的结果。

3. 机器翻译系统

本章介绍的机器翻译系统是基于端到端的一种机器翻译方式,其基本思路是先采用端到端序列生成模型,再将输入序列变换到输出序列的一种框架和方法。在该方法中,主要包括如何表征输入序列,即编码,以及如何获得输出序列,即解码两个部分。在该翻译系统中还引入了注意力机制来帮助该翻译系统进行调序。图6-6展示的是机器翻译的整体框架。

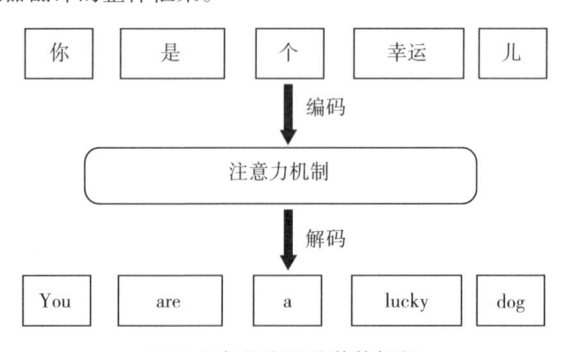

图6-6 机器翻译的整体框架

这种端到端的机器翻译系统也是基于神经网络的,神经网络有很多种,本章主要介绍的是基于循环神经网络的机器翻译系统。如

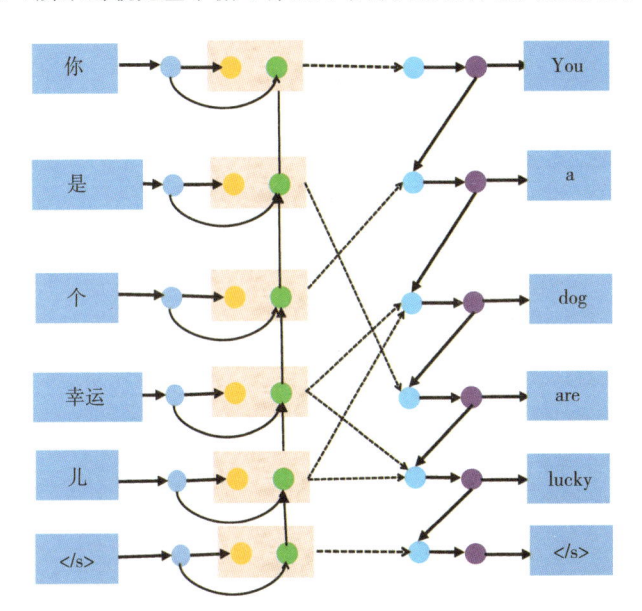

图 6-7 所示的就是基于循环神经网络的机器翻译的大致流程。

图 6-7 基于循环神经网络的机器翻译

从图 6-7 中我们可以看到在该过程中,首先是采用分词来得到输入源语言各个词汇的相应序列,然后对每一个词都用一个词向量进行表示,进而得到其相应的词向量序列。接着用循环神经网络获得其正向编码表示,再用一个反向的循环神经网络获得其反向编码表示,最后引入注意力机制将正向编码和反向编码进行拼接,之后采用注意力机制来预测哪个词在什么时间段需要进行翻译。通过反复不断地预测和翻译,最终得到所需要的目标语言。

6.4 机器翻译的应用

机器翻译的应用在我们的日常生活中主要有以信息获取为目的的应用、以信息发布为目的的应用和以信息交流为目的的应用。下面,我们对这三种应用进行一个简单的介绍。

1. 以信息获取为目的的应用

例如,当我们在国外,去餐厅吃饭时发现自己看不懂菜单上的文字,这时候我们可以拿出手机,打开相应的翻译软件对菜单进行扫描并翻译菜名(图6-8),这就是机器翻译中以信息获取为目的的应用。

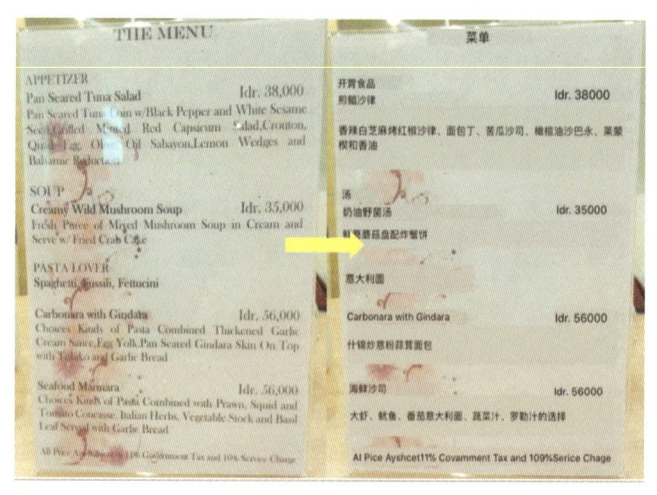

图6-8 菜单翻译

2.以信息发布为目的的应用

以信息发布为目的的应用在我们日常生活最为常见，其典型应用就是辅助笔译。比如，很多论文要求必须有英文摘要，这时一些笔者就会利用上述提到的翻译软件，如谷歌翻译、百度翻译等将中文摘要复制到翻译软件中，软件会自动将其转换为英文摘要，然后进行简单的修改即可，这就是一个辅助笔译的过程。

除此以外，我们常用的微信扫一扫也有这样的功能。如图6-9所示，当我们想要把一篇论文的英文摘要翻译为中文时，我们只要打开微信扫一扫功能，将要翻译的部分扫描输入微信后，再点击翻译功能就能立马将英文摘要翻译为中文了。

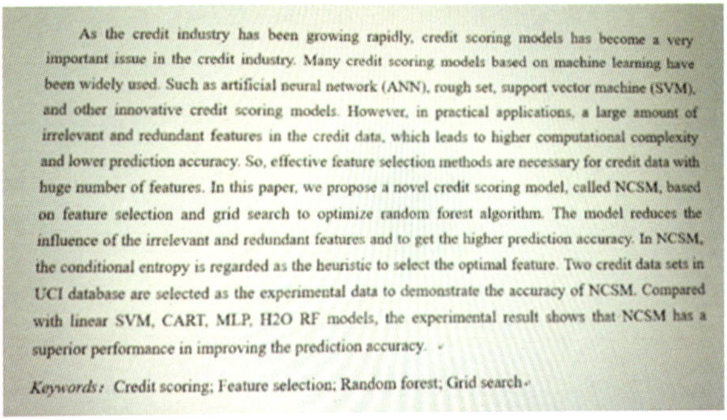
As the credit industry has been growing rapidly, credit scoring models has become a very important issue in the credit industry. Many credit scoring models based on machine learning have been widely used. Such as artificial neural network (ANN), rough set, support vector machine (SVM), and other innovative credit scoring models. However, in practical applications, a large amount of irrelevant and redundant features in the credit data, which leads to higher computational complexity and lower prediction accuracy. So, effective feature selection methods are necessary for credit data with huge number of features. In this paper, we propose a novel credit scoring model, called NCSM, based on feature selection and grid search to optimize random forest algorithm. The model reduces the influence of the irrelevant and redundant features and to get the higher prediction accuracy. In NCSM, the conditional entropy is regarded as the heuristic to select the optimal feature. Two credit data sets in UCI database are selected as the experimental data to demonstrate the accuracy of NCSM. Compared with linear SVM, CART, MLP, H2O RF models, the experimental result shows that NCSM has a superior performance in improving the prediction accuracy.

Keywords: Credit scoring; Feature selection; Random forest; Grid search

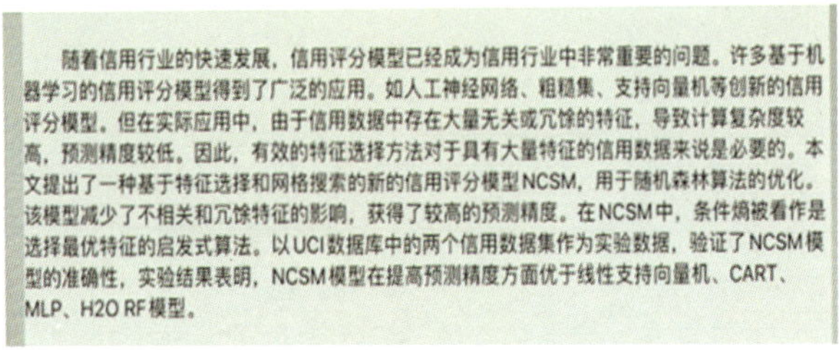
随着信用行业的快速发展，信用评分模型已经成为信用行业中非常重要的问题。许多基于机器学习的信用评分模型得到了广泛的应用。如人工神经网络、粗糙集、支持向量机等创新的信用评分模型。但在实际应用中，由于信用数据中存在大量无关或冗馀的特征，导致计算复杂度较高，预测精度较低。因此，有效的特征选择方法对于具有大量特征的信用数据来说是必要的。本文提出了一种基于特征选择和网格搜索的新的信用评分模型NCSM，用于随机森林算法的优化。该模型减少了不相关和冗馀特征的影响，获得了较高的预测精度。在NCSM中，条件熵被看作是选择最优特征的启发式算法。以UCI数据库中的两个信用数据集作为实验数据，验证了NCSM模型的准确性，实验结果表明，NCSM模型在提高预测精度方面优于线性支持向量机、CART、MLP、H2O RF模型。

图6-9 微信扫一扫翻译

微信扫一扫翻译功能的原理其实就是通过提取图片中的文字，然后再通过谷歌翻译或者百度翻译等翻译软件对其进行翻译，这也是计算机辅助翻译的一个小应用。

3.以信息交流为目的的应用

以信息交流为目的的应用主要就是要解决人与人之间的语言沟通障碍。当我们在国外旅游时，如果我们不会当地语言，怎么和别人交谈呢？这时我们会想如果我们身边有一个能进行口头翻译的机器人就好了。目前已经有一些翻译软件能够实现这个功能，这就是以信息交流为目的的机器翻译。

6.5 机器写作

自然语言处理技术是人工智能领域最受关注的方向之一,自然语言处理技术的发展也使许多相关应用得以实用化。这不仅有机器翻译,还包括机器问答、信息检索以及机器写作等。下面我们就对机器写作,简称MW,进行介绍。

机器写作已经成为一个人们热议的话题,但是,机器写作究竟是怎么实现的,估计知道的人并不多。其实,机器写作的工作过程远远没有我们想象中的那么简单,其工作过程需要结合自然语言处理、大数据分析等技术对海量的数据进行分析,然后采用固定的算法重新排列和组合,还要使用特定的格式,通过机器学习的方式分类聚合为相应的文章,才能完成机器写作的过程。

机器写作其实就是一个自然语言生成系统,主要有以下三种模式:模板式、抽取式和生成式。接下来,我们将对这三种模式的机器写作进行简单描述。

1. 模板式机器写作

模板式机器写作是三种机器写作模式中最简单的一种,该模式主要利用优化算法,通过智能选择不同的模板加以组合来生成文稿。其具体的实现过程包括基于输入的知识点与模板库进行候选模板检索;利用优化算法进行智能模板筛选,确定要使用的模板;基于筛选得到的模板进行文本生成。其中地震写稿机器人和腾讯的 DreamWriter 软件就是采用的模板式机器写作方法，如图6-10所示为模板式机器写作的过程。

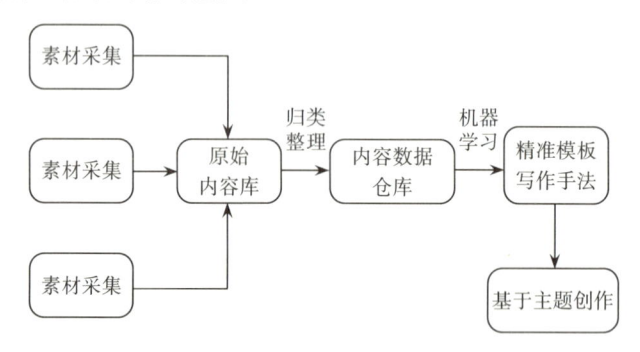

图6-10 模板式机器写作

针对图6-10描述的模板式机器写作的学习过程，本节以腾讯的 DreamWriter 软件对一场赛事的报道为例对此学习过程进行一个描述，以方便大家对模板式机器写作的了解。

图6-11 羽毛球比赛

如图6-11所示的羽毛球比赛赛场，假如要让写作机器人去报道图中展示的羽毛球比赛的赛况，机器人会如何做呢？以腾讯 DreamWriter 机器人为例，该软件会通过以往的学习过程去理解羽毛球运动员在比赛过程中产生的相应动作,这些动作包括运动员如何发球、接球等,写作机器人会对运动员在比赛过程中产生的动作进行任意组合,并且结合羽毛球比赛的规则,进而写出一份羽毛球比赛赛事内容。

2. 抽取式机器写作

抽取式机器写作也称为"二次创作",是一种比较常见的自动写稿方法。目前比较典型的抽取式机器写作方法是基于抽取式的文本自动摘要生成。

基于抽取式的文本自动摘要生成能够帮助用户短时间内从海量的数据当中抽取重要信息内容,也是在新闻搜索、个性化推荐等场景下,从原始文本内容中快速抽取重要信息,生成核心摘要内容的重要方法。该机器写作的工作过程如图6-12所示。

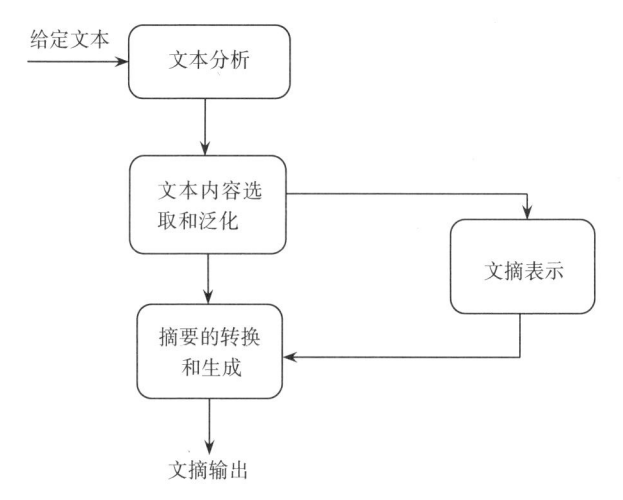

图6-12 基于抽取式的文本自动摘要过程

针对上图描述的基于抽取式的文本自动摘要生成机器写作的学习过程,本节同样以一个实例进行描述,方便大家对抽取式机器

写作的了解。(图6-13)

图6-13 基于抽取式的文本自动摘要

我们以在百度搜索页面中输入"世界杯中国男篮对阵尼日利亚赛事"为例,显示基于抽取式文本自动摘要生成机器写作方法的确能够快速帮助用户节约浏览时间,快速帮助用户抽取出重要的信息。因为在上图页面中,用户可以在推荐的列表中根据标题(摘要)即可大致了解整篇新闻的主要内容。

3. 生成式机器写作

与上述两种机器写作方法相比,目前来说,生成式机器写作还没有典型的产品出现。因此,在这里将不对其进行详细描述,该方法也只需大家进行了解即可。

根据上述对机器写作的描述和大家对机器写作的了解,到这儿,大家可能会产生一个疑问,机器人写出来的文章会不会和网上搜索出来的文章很类似？对于这个问题，其实大家不必担忧，因为机器人在写作过程中，是自己通过理解完网上的素材后进行重新编写的，并且它每天都在不断学习我们人类是怎么写文章的，通过学习后，它自己本身可以形成一个记忆力机制并在后台进行存储，再利用深度学习等方法不断地去优化，让写作变得越来越智能化。并且从上述描述可知，机器写作相对于我们人类进行人工写作有着先天的成本优势，它主要依靠前沿的一些技术作为支撑，因此其拥有更快的写作速度和更高的写作效率，并且能大幅度地降低人工成本。同时，机器写作与人类写作相比，其能根据不同需求制定相应的写作模板，进而完成个性化的写作需求。